図説 海上交通安全法

福井　淡　原著
淺木　健司　改訂

海　文　堂

はしがき

—新訂 18 版に当たって—

海上交通安全法は，船舶交通がふくそうする東京湾，伊勢湾及び瀬戸内海の海域（一部海域を除く。）における船舶交通の安全を図ることを目的としています。

本書は，同法の全条文を逐条的に掲げ，分かり易く解説するため多数のカラー図面を用い，また要点を捉えことができるよう適宜表にして示すなどして，平易に説明したものです。特に交通方法については理解し易いようできるだけ多くの図を掲載しました。

巻末には，①海上交通安全法施行令，②海上交通安全法施行規則，③仕向港に関する情報及び進路を知らせるために必要な情報を示す記号を定める告示（抄），④同法第 25 条第 2 項の規定に基づく経路の指定に関する告示（抄）による航路外の海域における航法を略図で示しました。また，⑤海上交通安全法に関する理解を深めるため，練習問題として，海技試験問題（予想問題を含む。）を各章ごとにまとめ，ヒントを見れば解答ができるようにしてあります。

本書は，昭和 49 年の初版以来，通算 24 版を重ねてきましたが，その都度法改正に対応して新しい内容に書き改めています。この度の改訂にあたっても，前の版以降に関係条項に改正がありましたので，それらに即応した内容にしました。具体的には，特定船舶の適用航路及び海域において明石海峡の周辺海域が拡大され，また異常気象等時特定船舶の適用海域として関西国際空港周辺海域が追加されています。

本書が，船務において，あるいは海技試験（筆記・口述）の受験において少しでもお役に立ち，船舶の安全運航の一助となれば，著者の喜びこれに過ぎるものはありません。

令和 6 年 6 月 12 日

著　者

参考文献

⑴　海上保安庁交通部安全課　航行安全指導集録（改訂37版）

⑵　海上保安庁海洋情報部　水路図誌

⑶　海洋基本計画（閣議決定平成20年3月）

⑷　交通政策審議会　新交通ビジョンを踏まえた海上交通の安全確保のための制度改正について（平成21年1月23日）

⑸　海上保安庁　海上交通安全法施行規則の改正について（平成22年1月）

⑹　海上保安庁　新たな制度による船舶交通ルール　航路外の海域における航法（経路の指定）（平成22年7月1日）

⑺　海上保安庁　来島海峡海上交通センター（第六管区海上保安本部）　来島海峡における航法と潮流信号（平成24年3月）

⑻　海上保安庁監修　海上交通安全法の解説

⑼　交通政策審議会　船舶交通の安全・安心をめざした第三次交通ビジョンの実施のための制度のあり方について（平成28年1月28日）

⑽　交通政策審議会　船舶交通安全をはじめとする海上安全の更なる向上のための取組（平成30年4月20日）

⑾　交通政策審議会　頻発・激甚化する自然災害等新たな交通環境に対応した海上交通安全基盤の拡充・強化について（令和3年1月28日）

目　次

第1章　総　則

第2章　交通方法

第1節　航路における一般的航法

第2節　航路ごとの航法

第3節　特殊な船舶の航路における交通方法の特則

第4章　雑　則

第5章　罰　則

別　表

海上交通安全法

（　　　　昭和 47 年 7 月 3 日　法律第 115 号
最近改正　令和 5 年 5 月 26 日　法律第 34 号）

第 1 章　総　則

第 1 条　目的及び適用海域

第 1 条　この法律は，船舶交通がふくそうする海域における船舶交通について，特別の交通方法を定めるとともに，その危険を防止するための規制を行なうことにより，船舶交通の安全を図ることを目的とする。
2　この法律は，東京湾，伊勢湾（伊勢湾の湾口に接する海域及び三河湾のうち伊勢湾に接する海域を含む。）及び瀬戸内海のうち次の各号に掲げる海域以外の海域に適用するものとし，これらの海域と他の海域（次の各号に掲げる海域を除く。）との境界は，政令で定める。
(1)　港則法（昭和 23 年法律第 174 号）に基づく港の区域
(2)　港則法に基づく港以外の港である港湾に係る港湾法（昭和 25 年法律第 218 号）第 2 条第 3 項に規定する港湾区域
(3)　漁港及び漁場の整備等に関する法律（昭和 25 年法律第 137 号）第 6 条第 1 項から第 4 項までの規定により市町村長，都道府県知事又は農林水産大臣が指定した漁港の区域内の海域
(4)　陸岸に沿う海域のうち，漁船以外の船舶が通常航行していない海域として政令で定める海域

§ 1-1　海上交通安全法の目的（第 1 条第 1 項）

本条は，海上交通安全法（以下「本法」又は「海交法」と略する。）の目的及び適用海域について定めたものである。

第 1 項の規定は，海交法は船舶交通がふくそう（輻湊・輻輳）する海域に

おける船舶交通について，次のことを行うことにより船舶交通の安全を図ることを目的とすることを定めている。(図1·1)

(1)　特別の交通方法を定めること。

(2)　船舶交通の危険を防止するための規制を行うこと。

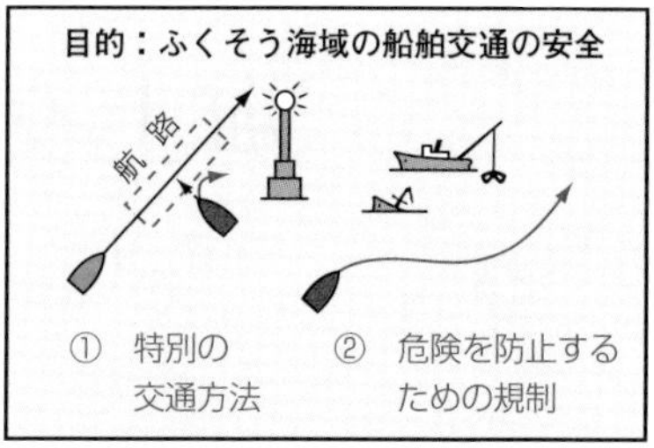

図1·1　海交法の目的

◘　これは，海交法を解釈し，又は運用する場合における一定の基準を示したものである。

◘　「交通方法」とは，航法だけでなく，交通制限や灯火などを含んだ広い意味の交通方法である。

「船舶交通の危険」とは，工事や作業の実施，海難の発生などによる船舶交通の危険を指す。

§ 1-2　海交法の適用海域（第1条第2項）

(1)　適用海域

海交法が適用される海域は，船舶交通がふくそうする次に掲げる3つの海域（下記の「適用除外海域」を除く。）である。

(1)　東京湾（図1·2）

(2)　伊勢湾（伊勢湾の湾口に接する海域及び三河湾のうち伊勢湾に接する海域を含む。）（図1·3）

(3)　瀬戸内海（図1·4(a)，図1·4(b)）

これらの海域と他の海域（外海）との境界は，「政令」すなわち海上交通安全法施行令（以下「施行令」又は「令」と略する。）に定められている。(令第1条)

(2)　適用除外海域

前記3つの海域のうち，次に掲げる海域は除かれる。(図1·5)

①　港則法の港の区域

②　港則法の適用されない港の港湾法（p.16【注】）に規定する港湾区域

③　漁港漁場整備法の規定により指定した漁港の区域

④　陸岸に沿う海域のうち，漁船以外の船舶が通常航行していない海域と

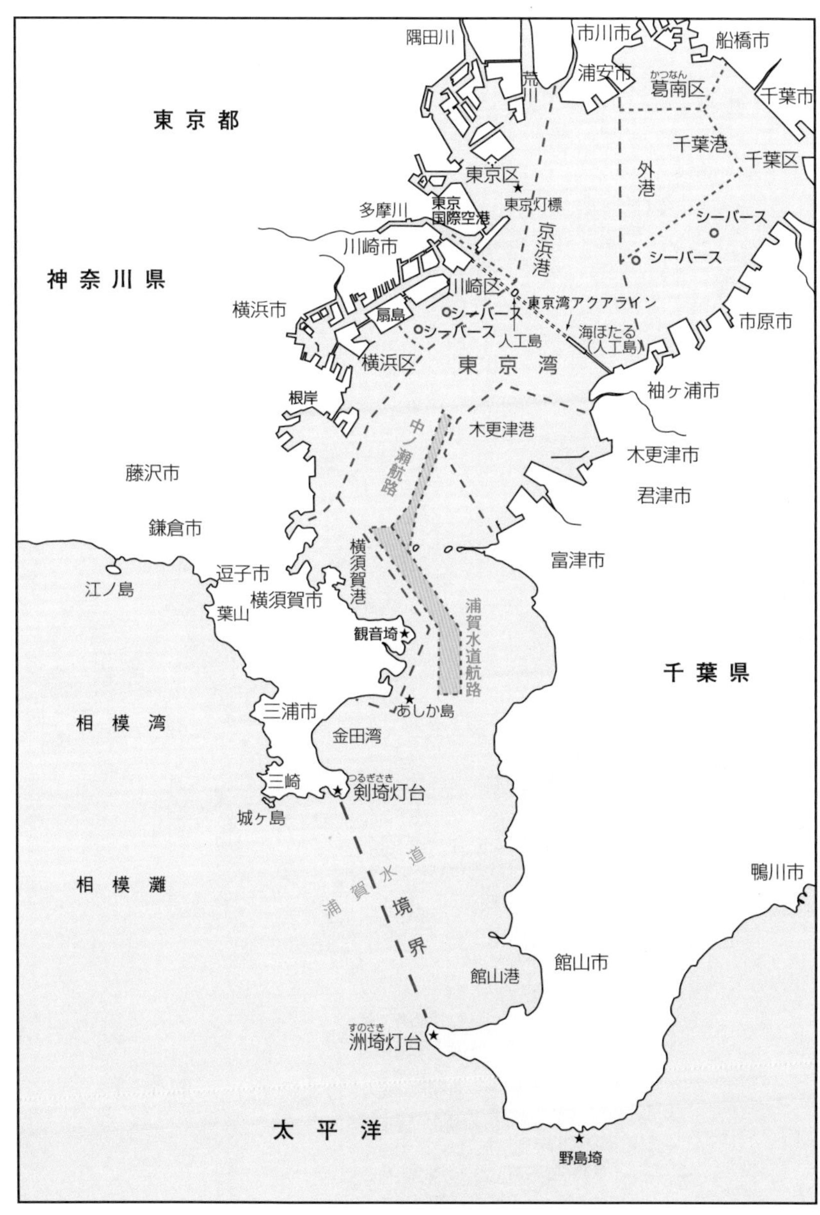

東京都
神奈川県
千葉県
隅田川
荒川
市川市
船橋市
浦安市
かつなん
葛南区
千葉市
千葉港
千葉区
外港
東京区
東京灯標
多摩川
東京国際空港
京浜港
シーバース
シーバース
川崎市
川崎区
東京湾アクアライン
横浜市
扇島
シーバース
シーバース
人工島
海ほたる（人工島）
市原市
横浜区
東京湾
袖ヶ浦市
根岸
中ノ瀬航路
木更津港
木更津市
藤沢市
君津市
鎌倉市
横須賀港
富津市
逗子市
江ノ島
横須賀市
葉山
浦賀水道航路
観音埼
あしか島
三浦市
相模湾
金田湾
三崎
つるぎさき
剣埼灯台
城ヶ島
鴨川市
相模灘
浦賀水道
境界
館山市
館山港
すのさき
洲埼灯台
太平洋
野島埼

図1･2　東京湾

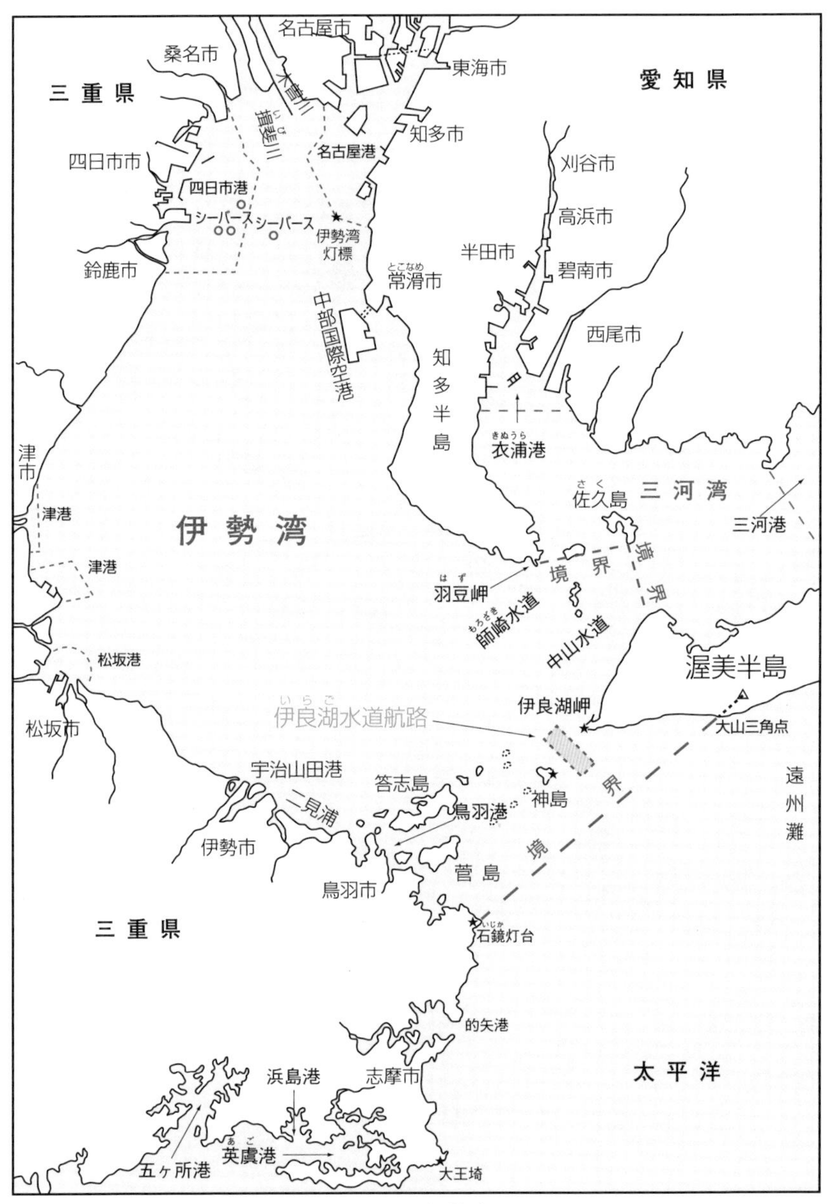
名古屋市
桑名市
東海市
愛知県
三重県
木曽川
揖斐川
知多市
名古屋港
刈谷市
四日市市
四日市港
シーバース
シーバース
伊勢湾灯標
高浜市
半田市
碧南市
鈴鹿市
常滑市
中部国際空港
西尾市
知多半島
津市
衣浦港
佐久島
三河湾
津港
伊勢湾
三河港
津港
羽豆岬
境界
境界
師崎水道
中山水道
松坂港
渥美半島
伊良湖岬
伊良湖水道航路
松坂市
大山三角点
宇治山田港
答志島
神島
遠州灘
二見浦
鳥羽港
伊勢市
境界
菅島
鳥羽市
石鏡灯台
三重県
的矢港
太平洋
浜島港
志摩市
英虞港
五ヶ所港
大王埼

図1·3　伊勢湾

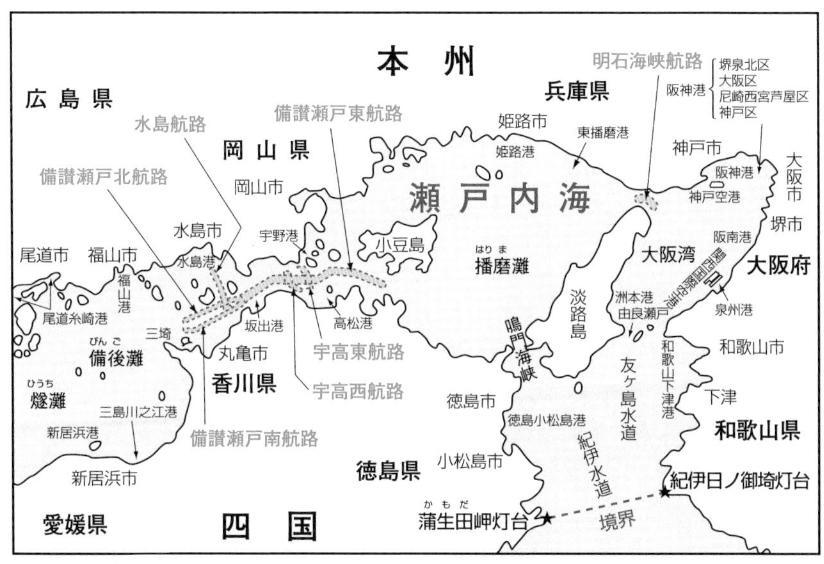

図 1・4(a)　瀬戸内海（東部）

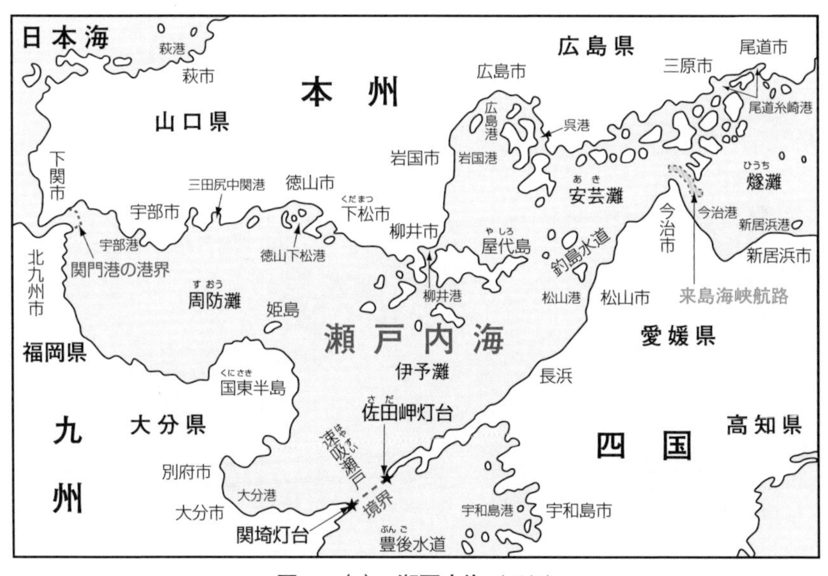

図 1・4(b)　瀬戸内海（西部）

して政令（令第2条）で定める海域

◆　適用除外海域は，港則法の港の区域など前記①～④に掲げる区域であって，本法の規制の対象としなくてよいと考えられる海域である。

◆　要するに，適用海域は，主要港を多数擁するため船舶交通がふくそうし，海上衝突予防法の規定のみでは衝突予防を期し難いところであるので，本法で特別の交通方法などを定めることにより，船舶交通の安全を図ろうとするものである。

◆　適用海域と外海との境界（令第1条）は，第44条（航路等の海図への記載）の規定により海図に記載されている。

◆　適用海域は，海図第6974号（平成24年10月改版）を見れば，一覧できる。同図は，第28条（帆船の灯火等）第1項に規定する長さ7メートル未満の帆船及びろかい船の灯火の常時表示海域を記載した一覧図であるが，この常時表示海域は，同条第1項及び施行令第7条（ろか

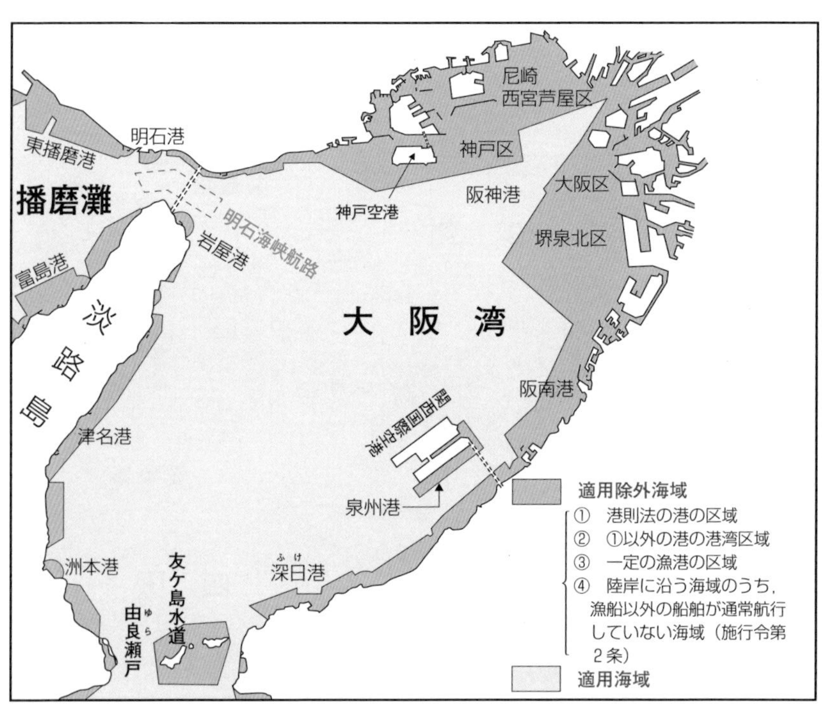

図1･5　海交法の適用除外海域（大阪湾）

い船等が灯火を表示すべき海域）の規定により，海交法の適用海域（全域）と定められているからである。

§ 1-3　海交法と海上衝突予防法との関係

(1) 特別法優先（海上衝突予防法第41条第1項）

海交法は，海上衝突予防法（以下「予防法」と略する。）第41条第1項に規定するとおり，衝突予防に関する事項については，港則法と共に予防法の特例である。つまり，予防法と海交法との関係は，一般法と特別法との関係にある。特別法は一般法に優先するから，海交法が予防法に優先して適用される。

したがって，次のとおりである。

(1) 海交法の規定と予防法の規定が異なる場合や相反する場合を生じるが，当然海交法の規定が適用される。

(2) 海交法に規定されていないものについては，一般法である予防法の規定が補充的に適用される。

(2) 海交法の航法等への予防法の規定の適用又は準用（予防法第40条）

前記のとおり，海交法の適用海域において海交法に規定されていないことについては，当然予防法の規定が補充的に適用されるのであるが，予防法第40条の規定は，予防法の一定の規定が次に掲げるとおり，海交法の航法等に関する事項に適用又は準用されることを明示している。

<table>
<tr><th>海交法において定められた事項</th><th colspan="2">適用又は準用される予防法の規定</th></tr>
<tr><td>航法に関する事項</td><td>第16条（避航船）
第17条（保持船）</td><td rowspan="5">適用</td></tr>
<tr><td>灯火又は形象物の表示に関する事項</td><td>第20条（灯火・形象物の表示）</td></tr>
<tr><td>信号に関する事項</td><td>第34条（操船信号）
第36条（注意喚起信号）</td></tr>
<tr><td>運航に関する事項</td><td>第38条（切迫した危険のある特殊な状況）
第39条（注意等を怠ることについての責任）</td></tr>
</table>

避航に関する事項	第11条（互いに他の船舶の視野の内にある船舶に適用）	準用

予防法のこれらの規定には，「この法律（予防法）に規定する……」，「この法律（予防法）の規定により……」などの限定的な文言があるため，海交法の航法等に関する事項には適用・準用されないような誤解を生じることがあったが，予防法第40条の規定は，それを解消するものである。

◆　例えば，海交法は，同法第3条第1項に「航路を出入等する船舶（漁ろう船等を除く。）（A船）は，航路を航行している他の船舶（B船）を避航しなければならない。」旨を規定し，A船の避航義務を定めている。しかし，航路を航行している他の船舶（B船）については，なんら規定していない。

したがって，他の船舶（B船）については，一般法である予防法の次の規定が適用又は準用されることになるが，予防法第40条の規定は，この点について疑義を生じないように明示している。（図1·6）

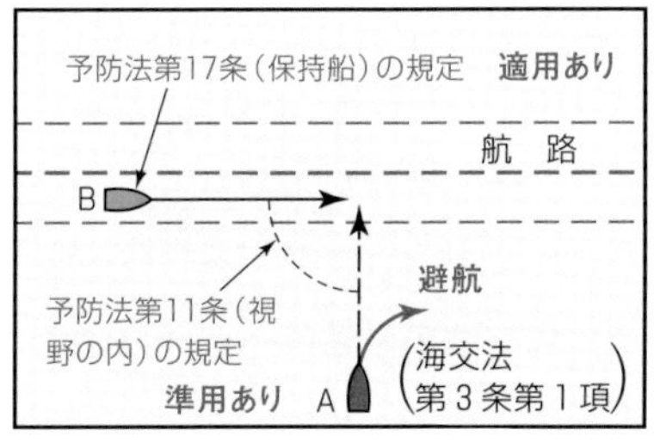

図1·6　予防法の規定の適用・準用

①　海交法のこの規定は「航法に関する事項」であるから，B船には予防法第17条（保持船）の規定が適用される。したがって，B船は保持船の動作をとらなければならない。

②　海交法のこの規定は，「避航に関する事項」であるから，予防法第11条の規定が準用され，互いに他の船舶の視野の内にある場合にのみ適用されるものである。したがって，霧中等でA船とB船とが互いに視覚によって他の船舶を見ることができない場合には，海交法第3条第1項は適用されない。

【注】　海交法において「避航に関する事項」を定めている規定は，次のとおりである。

①　第3条第1項前段・第2項前段

②　第12条第1項前段

③　第14条第1項前段
④　第17条第1項前段・第2項前段
⑤　第18条第4項による第14条第1項前段の準用
⑥　第19条第1項前段・第2項前段・第3項前段・第4項前段

第2条　定　義

第2条　この法律において「航路」とは，別表に掲げる海域における船舶の通路として政令で定める海域をいい，その名称は同表に掲げるとおりとする。

2　この法律において，次の各号に掲げる用語の意義は，それぞれ当該各号に定めるところによる。

(1)　船舶　水上輸送の用に供する船舟類をいう。

(2)　巨大船　長さ200メートル以上の船舶をいう。

(3)　漁ろう船等　次に掲げる船舶をいう。

イ　漁ろうに従事している船舶

ロ　工事又は作業を行っているため接近してくる他の船舶の進路を避けることが容易でない国土交通省令で定める船舶で国土交通省令で定めるところにより灯火又は標識を表示しているもの

3　この法律において「漁ろうに従事している船舶」，「長さ」及び「汽笛」の意義は，それぞれ海上衝突予防法（昭和52年法律第62号）第3条第4項及び第10項並びに第32条第1項に規定する当該用語の意義による。

4　この法律において「指定海域」とは，地形及び船舶交通の状況からみて，非常災害が発生した場合に船舶交通が著しくふくそうすることが予想される海域のうち，2以上の港則法に基づく港に隣接するものであって，レーダーその他の設備により当該海域における船舶交通を一体的に把握することができる状況にあるものとして政令で定めるものをいう。

§ 1-4 「航路」の定義（第2条第1項）

本条は，航路，船舶，巨大船，漁ろう船等，漁ろうに従事している船舶などの定義を定めたものである。

第1項の規定は，「航路」の定義を定めている。

「航路」とは，船舶の通路として定められた海交法の別表（p.182）に掲げる航路であって，次のとおり計11が設けられている。航路の海域は，政令（令第3条）で定められている。（図1·2，図1·3，図1·4(a)及び(b)）

東京湾	浦賀水道航路　中ノ瀬航路
伊勢湾	伊良湖（いらご）水道航路
瀬戸内海	明石海峡航路　備讃瀬戸東航路　宇高東航路　宇高西航路 備讃瀬戸北航路　備讃瀬戸南航路　水島航路　来島海峡航路

◆ これらの航路は，陸地や島などで幅が狭いとか，屈曲している，潮流が激しい，その付近に浅所が存在するなど自然的条件が悪く，しかも船舶交通の集中する海域に，船舶の通路として設けられたもので，第2章（交通方法）の規定により，航路航行船を整然とした船舶交通の流れとし，かつ避航等の規定を設けることにより，船舶交通の安全を図ろうとするものである。

◆ 航路は，第44条（航路等の海図への記載）及び第45条（航路等を示す航路標識の設置）の規定により，海図に記載され，また航路標識を設置して示されている。

航路のほか，速力の制限の区間（第5条），航路への出入・横断の制限の区間（第9条），航路の中央（第11条第1項，第44条，第45条等）なども，同様に，海図に記載され，航路標識を設置して示されている。

§ 1-5 「船舶」,「巨大船」及び「漁ろう船等」の定義
（第2条第2項）

(1) 「船舶」（第2項第1号）

「船舶」とは，水上輸送の用に供する船舟類をいう。

◆　予防法の「船舶」には水上航空機を含むことが定義されているが，海交法の「船舶」には水上航空機を含まない。

(2) 「巨大船」（第2項第2号）

「巨大船」とは，長さ（全長）200メートル以上の船舶をいう。

◆　船舶は，船型が大きくなると操縦性能が低下し，特に制限水路においては操船に困難さを伴う。同じ大きさの大型船でも，操縦性能には種々差異があるものの，一般に，その操船の困難性は，船舶の大きさ（長さ）がおよそ200メートル辺(あた)りで顕著になるものであることから，丸めて，長さがジャスト200メートル以上の船舶を巨大船と定めたものである。

◆　巨大船は，次の「漁ろう船等」と共に，海交法の適用海域における船舶交通の安全を図るため，航法等において特別な扱いを受ける船舶である。

◆　巨大船であることを示すための灯火及び標識は，第27条に規定されている。（§ 2-47参照）

【注】 (1)　上記の長さ200メートルの「長さ」の定義は，本条第3項の規定により，予防法の定義と同じである。（§ 1-6参照）

(2)　次の第2項第3号に規定されている「漁ろうに従事している船舶」の定義も，本条第3項の規定により，予防法の定義と同じである。（§ 1-6参照）

(3) 「漁ろう船等」（第2項第3号）

「漁ろう船等」とは，「漁ろうに従事している船舶」及び「許可を受けた工事作業船」をいう。

詳しくは，次のとおりである。

(1)　漁ろうに従事している船舶

漁ろうに従事している船舶とは，船舶の操縦性能を制限する網，なわ

その他の漁具を用いて漁ろうをしている船舶（操縦性能制限船に該当するものを除く。）である。（予防法第3条第4項）

漁ろうに従事している船舶は，予防法第26条に規定する灯火又は形象物を表示しなければならない。（図1･7，図1･8，図1･9，図1･10）

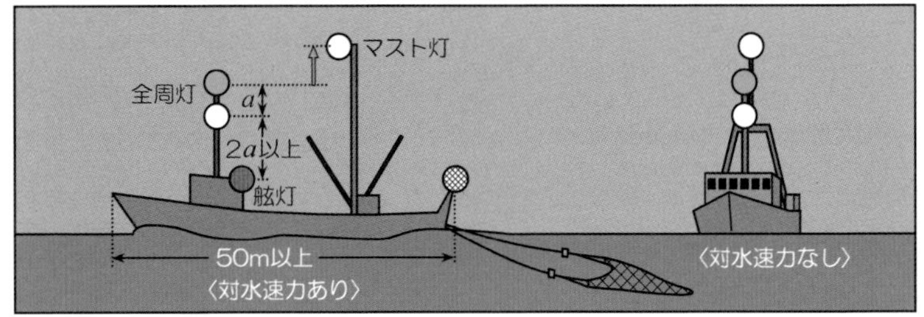

図1･7 航行中・錨泊中のトロール従事船の灯火

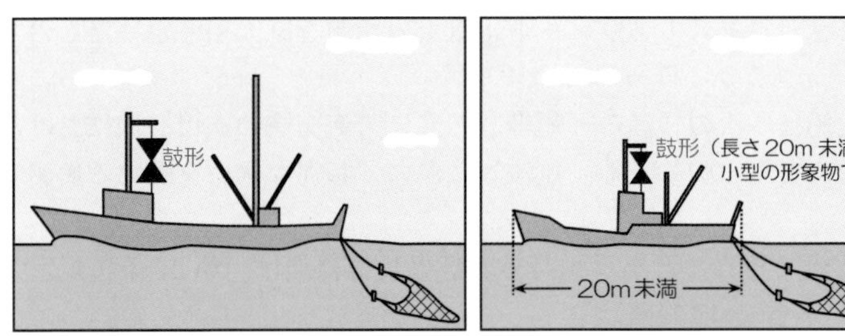

図1･8 航行中・錨泊中のトロール従事船の形象物

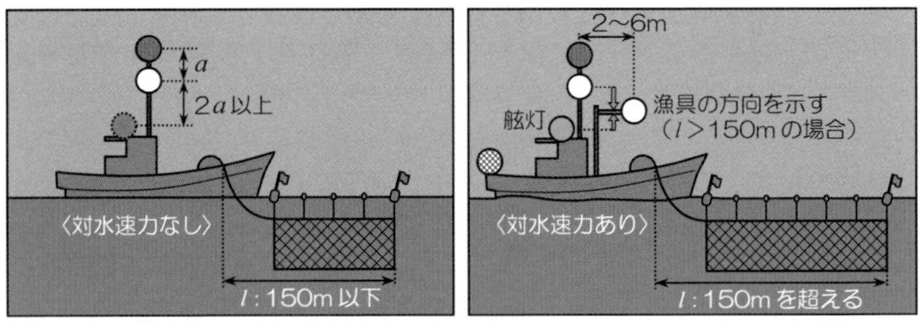

図1･9 航行中・錨泊中のトロール従事船以外の漁ろうに従事している船舶の灯火

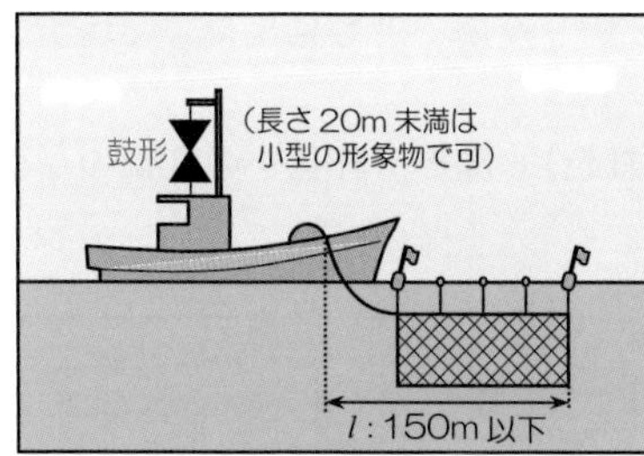

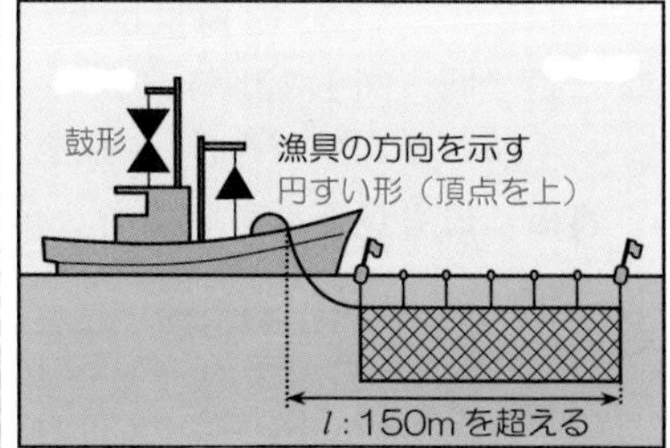

図1･10　航行中・錨泊中のトロール従事船以外の漁ろうに従事している船舶の形象物

【注】⑴　灯火の図において，例えば，船尾灯にアミカケを付してあるのは，正横から見た場合に同灯は見えないが，点灯されていることを示すものである。（以下，灯火の図において同様である。）

⑵　漁ろうに従事している船舶は，上記の図の灯火のほか，次に掲げる灯火を表示している場合がある。

①　長さ20メートル以上のトロール従事船の投網，揚網又は網への障害物の絡み付きを示す灯火（予防法第26条第3項）

②　2そうびきの長さ20メートル以上のトロール従事船の探照灯の照射（同条第4項）

③　長さ20メートル以上のトロール従事船以外の漁ろうに従事している船舶の追加の灯火（同条第5項，同法施行規則第16条）

⑵　許可を受けた工事作業船

許可を受けた工事作業船とは，工事又は作業を行っているため接近してくる他の船舶の進路を避けることが容易でない「国土交通省令」すなわち海上交通安全法施行規則（以下「施行規則」又は「則」と略する。）で定める船舶で，施行規則で定めるところにより灯火又は標識を表示しているものの略称である。

これについて，施行規則は，次のとおり定めている。（則第2条）

法第40条第1項の規定による許可（又は同条第8項の規定による場合で，港則法第31条第1項による許可）を受けて工事又は作業を行っており，その工事又は作業の性質上接近してくる他の船舶の進路を避けることが容易でない船舶であって，次の灯火又は形象物を表示しているもの。

①　夜　間（図1･11）

緑色の全周灯（2海里以上） 2個 連掲 最も見えやすい場所

② 昼 間（図1･12）

上からひし形（白色）・球形（紅色）・球形（紅色）の3個の形象物 連掲 最も見えやすい場所

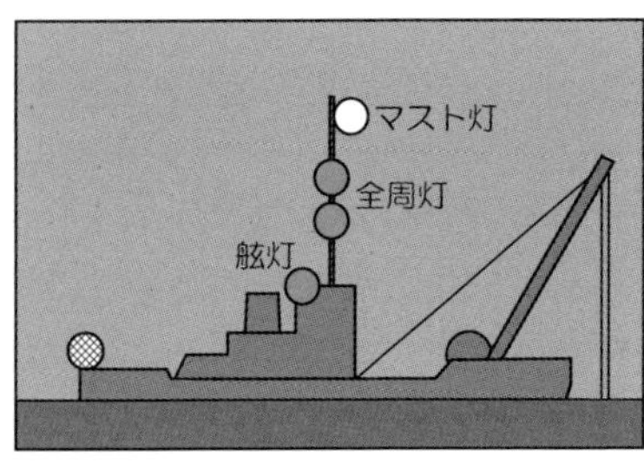

図1･11 許可を受けた工事作業船の灯火

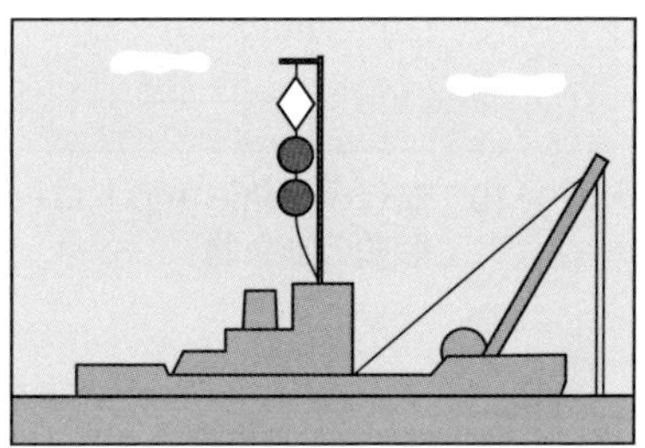

図1･12 許可を受けた工事作業船の形象物

【注】 上記の許可は，第40条第1項の規定により「航路及びその周辺の一定の海域」（又は港則法第31条第1項の規定により特定港等の境界付近）において工事・作業をする場合に必要とされるもので，その場合には上記の灯火又は形象物を表示することになる。

したがって，「航路及びその周辺の一定の海域以外の海域」（例えば，大阪湾の中央部）において工事・作業をする場合は，上記の灯火又は形象物の表示でなく，もし当該船舶が予防法に規定する操縦性能制限船に該当するときには，同法第27条（操縦性能制限船）に規定する灯火又は形象物を表示することになる。

§ 1-6 「漁ろうに従事している船舶」，「長さ」及び「汽笛」の定義（第2条第3項）

(1) 「漁ろうに従事している船舶」

「漁ろうに従事している船舶」の定義は，予防法第3条第4項の定義（前掲）と同じである。

(2) 「長さ」

「長さ」の定義は，予防法第3条第10項の定義（前掲）と同じである。

(3)「汽笛」

「汽笛」の定義は，予防法第32条第1項の定義（短音及び長音を発することができる装置）と同じである。

§ 1-7 「指定海域」の定義（第2条第4項）

「指定海域」とは，次の⑴及び⑵のいずれにも該当する海域であって，地形及び船舶交通の状況からみて，大津波の発生，大型タンカーからの大量の危険物流出，大規模火災等の非常災害が発生した場合に，船舶交通が著しくふくそうすることが予想される海域で，政令で定めるものをいう。

⑴　2以上の港則法に基づく港に隣接する海域

⑵　レーダーその他の設備により当該海域における船舶交通を一体的に把

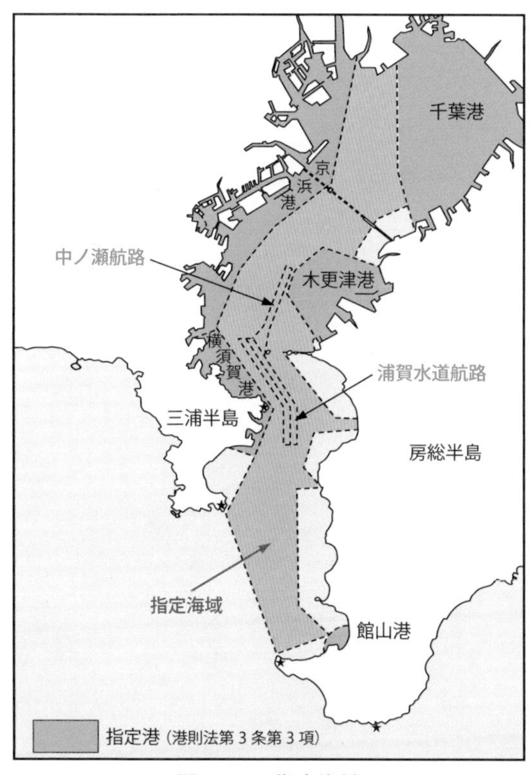

図1・13　指定海域

握することができる状況にある海域

指定海域として，現在のところ東京湾における海交法適用海域が定められている。（令第4条）

◆ 2011年の東日本大震災発生時，東京湾の中央部における錨泊船隻数は，湾内の港及び湾外からの避難船舶などにより，地震発生直前の4倍に相当する約400隻に急増した。本条は，このように船舶交通が平時と比べ著しくふくそうしたことに鑑み，今後，同様の非常災害が発生した場合においても，船舶交通の危険を防止するため，第2章第9節に定める必要な措置を講ずるに当たり，対象となる海域を定めたものである。

【注】 港湾法（p.2（2）適用除外海域 ②）

「港湾法」とは，交通の発達及び国土の適正な利用と均衡ある発展に資するため，環境の保全に配慮しつつ，港湾の秩序ある整備と適正な運営を図るとともに，航路を開発し，及び保全することを目的とする法律である。

第2章　交通方法

第1節　航路における一般的航法

第3条　避航等

第3条　航路外から航路に入り，航路から航路外に出，若しくは航路を横断しようとし，又は航路をこれに沿わないで航行している船舶（漁ろう船等を除く。）は，航路をこれに沿って航行している他の船舶と衝突するおそれがあるときは，当該他の船舶の進路を避けなければならない。この場合において，海上衝突予防法第9条第2項，第12条第1項，第13条第1項，第14条第1項，第15条第1項前段及び第18条第1項（第4号に係る部分に限る。）の規定は，当該他の船舶について適用しない。

2　航路外から航路に入り，航路から航路外に出，若しくは航路を横断しようとし，若しくは航路をこれに沿わないで航行している漁ろう船等又は航路で停留している船舶は，航路をこれに沿って航行している巨大船と衝突するおそれがあるときは，当該巨大船の進路を避けなければならない。この場合において，海上衝突予防法第9条第2項及び第3項，第13条第1項，第14条第1項，第15条第1項前段並びに第18条第1項（第3号及び第4号に係る部分に限る。）の規定は，当該巨大船について適用しない。

3　前二項の規定の適用については，次に掲げる船舶は，航路をこれに沿って航行している船舶でないものとみなす。

(1)　第11条，第13条，第15条，第16条，第18条（第4項を除く。）又は第20条第1項の規定による交通方法に従わないで航路をこれに沿って航行している船舶

(2)　第20条第3項又は第26条第2項若しくは第3項の規定により，前号に規定する規定による交通方法と異なる交通方法が指示され，又は定められた場合において，当該交通方法に従わないで航路をこ

れに沿って航行している船舶

§ 2-1　航路出入等の船舶（漁ろう船等を除く。）は航路航行船を避航（第3条第1項）

本条は，「航路出入等の船舶」と「航路航行船」との避航に関する航法について定めたものである。

第1項の規定は，「漁ろう船等を除いた航路出入等の船舶」と「航路航行船」との避航関係を定めている。

(1) 航　法（第1項前段）

① 航路外から航路に入ろうとしている
② 航路から航路外に出ようとしている
③ 航路を横断しようとしている
④ 航路をこれに沿わないで航行している

} 船舶（漁ろう船等を除く。）は，

航路をこれに沿って航行している他の船舶と衝突するおそれがあるときは，当該他の船舶の進路を避けなければならない。（図2･1）

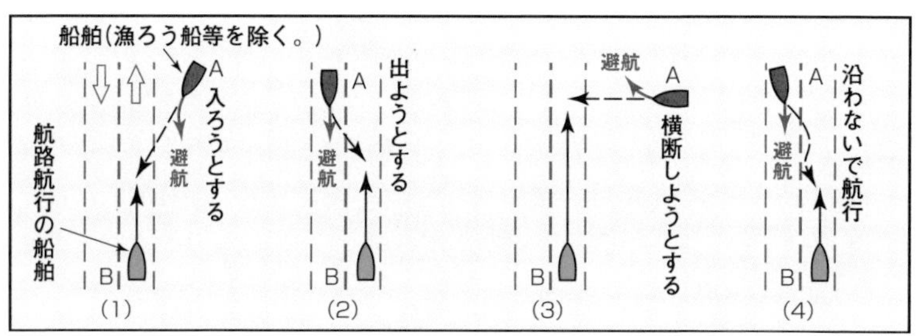

図2･1　航路出入等の船舶（漁ろう船等を除く。）は航路航行船を避航

◆　図2･1に示すように，A船が避航船となる。この避航船には「漁ろう船等」が除かれていることに留意を要する。

【注】 用語は，その一部を簡略のため，次のように略して用いることがある。
(1)「航路をこれに沿って航行している」→「航路航行の」又は「航路を航行している」
(2)「航路外から航路に入り，航路から航路外に出，若しくは航路を横断しようとし，又は航路をこれに沿わないで航行している」→「航路出入等の」

◆　航路航行の船舶（B）については，海交法は特に規定していないから，一般法である予防法の規定が補充的に適用される。つまり，同法第17条の保持船となり，その動作をとらなければならない。このことについて，予防法第40条は，同法第17条の適用のあることを明示している。（§ 1-3参照）

◆　避航船（A）の動作は，一般法である予防法の第８条（衝突を避けるための動作），第16条（避航船），第38条（切迫した危険のある特殊な状況）などの規定を遵守（順守）したものでなければならない。

予防法第40条は，上記と同様に，同法第16条，第38条などの適用がある旨を明示している。しかし，同法第８条について触れていないのは，同条には「この法律（予防法）の規定により……」といった限定的な文言がないため，海交法において特にこれを排除する規定がない限り，なんら疑義なく，A船に適用されるからである。

◆　この航法規定は，予防法第40条に同法第11条の準用が明示されているとおり，船舶が互いに他の船舶の視野の内にある場合に適用があるものである。

◆　「航路をこれに沿って航行している」とは，航路内を，船舶の進路が航路とほぼ同じ方向に向いて航行していることである。

「航路をこれに沿わないで航行している」とは，航路内を航行しているものの，斜航や蛇行のような状態で航行していることである。

◆　「衝突するおそれ」は，予防法第７条（衝突のおそれ）の規定（特に第４項・第５項）によって判断されなければならない。

【注】　上記のように，「保持船」，「避航船」，「視野の内」，「衝突のおそれ」などの予防法の規定が，本項のような「避航関係を定めた航法規定」に適用されるのは，他の条項における「避航関係を定めた航法規定」（第12条第１項，第14条第１項等。）においても，すべて同じである。（以下，このことに関する説明は略する。）

(2)　他の航法規定との優先関係（第１項後段）

第１項後段の規定により，次に掲げる予防法の規定は，「航路をこれに沿って航行している他の船舶」（以下，「航路航行船」という。）に適用されない。つまり，第1項前段の規定が，次に掲げる予防法の規定に優先する。

(1)　予防法第9条第2項（狭い水道等における動力船と帆船の航法）（図2・2）

具体例

航路を横断しようとしている帆船（A）と航路航行の動力船（B）とは，航路がない場合には，B船が予防法第9条第2項（同項には，本文規定とただし書規定があるが，本文規定の場合とする。）の規定により避航船であるが，この場合は，「航路航行船」であるB船に同条の適用はなく，帆船といえども，第1項前段の規定により，動力船を避航しなければならない。

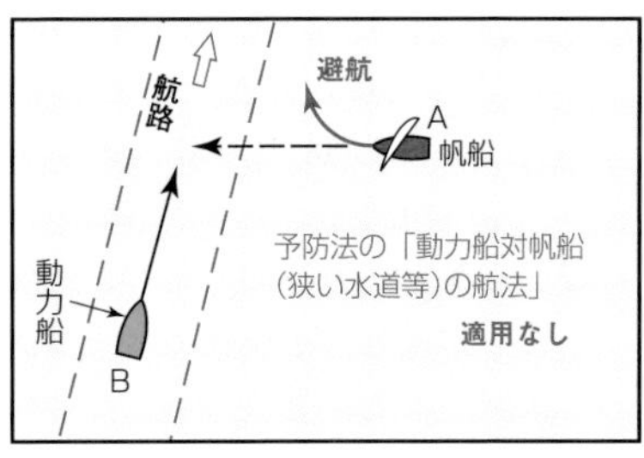

図2・2　予防法第9条第2項に優先

動力船は，航路に沿って航行する保持船となる。

(2)　予防法第12条第1項（帆船の航法）（図2・3）

具体例

航路に入ろうとしている右舷開きの帆船（A）と航路航行の左舷開きの帆船（B）とは，航路がない場合には，B船が予防法第12条第1項の規定により避航船であるが，この場合は，「航路航行船」であるB船に同条の適用はなく，右舷開きの帆船といえども，第1項前段の規定により，左舷開きの帆船を避航しなければならない。

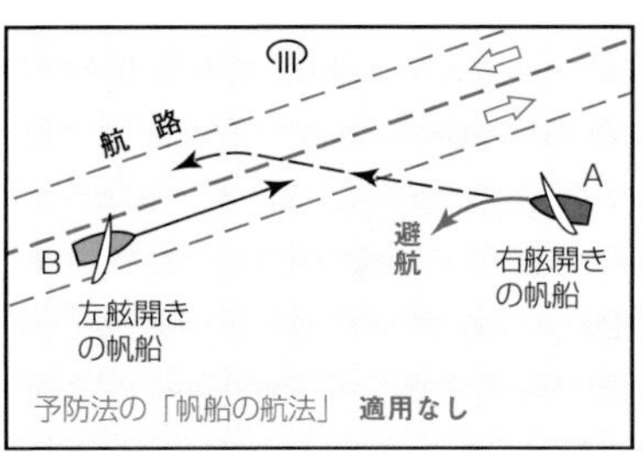

図2・3　予防法第12条第1項に優先

左舷開きの帆船は，航路に沿って航行する保持船となる。

(3)　予防法第13条第1項（追越し船の航法）（図2・4）

具体例

航路に入ろうとしているA船と航路航行のB船とは，航路がない場合

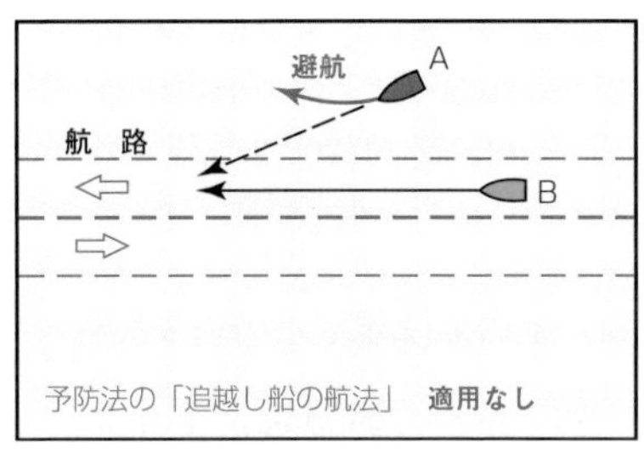

図2・4　予防法第13条第1項に優先

には，B 船が追越し船で予防法第 13 条第１項の規定により避航船であるが，この場合は，「航路航行船」である B 船に同条の適用はなく，第１項前段の規定により，A 船が B 船を避航しなければならない。

B 船は，航路に沿って航行する保持船となる。

⑷　予防法第 14 条第１項（行会い船の航法）（図 2･5）

具体例

航路に入ろうとしている A 船（動力船）と航路航行の B 船（動力船）とは，航路がない場合には，予防法第 14 条第１項のほとんど真向かいに行き会う行会い船で互いに右転であるが，この場合は，「航路航行船」である B 船に同条の適用はなく，A 船が，第１項前段の規定により，B 船を避航しなければならない。

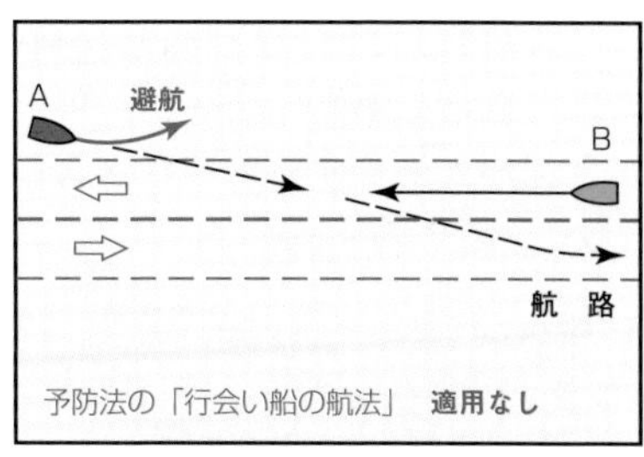

図 2･5　予防法第 14 条第１項に優先

B 船は，航路に沿って航行する保持船となる。

⑸　予防法第 15 条第１項前段（横切り船の航法）（図 2･6）

具体例

上記の４つの例と同様で，両船が一見横切りの態勢となり，たとえ A 船（動力船）は B 船（動力船）を左舷側に見ても，第１項前段の規定により，B 船を避航しなければならない。

B 船は，航路に沿って航行する保持船となる。

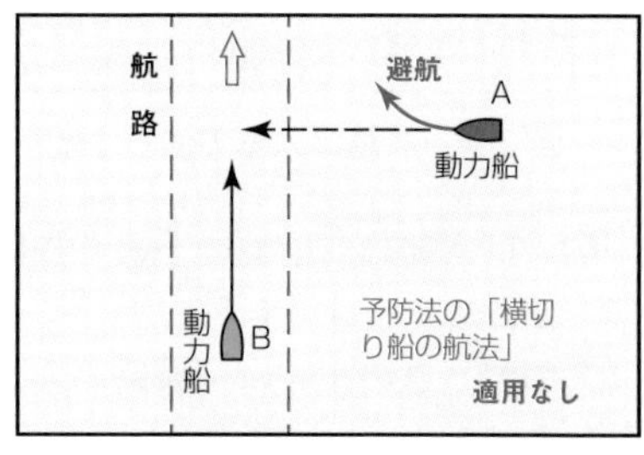

図 2･6　予防法第 15 条第１項前段に優先

⑹　予防法第 18 条第１項（第４号に係る部分に限る。）（各種船舶間の航法―動力船と帆船の航法）

上記⑴の予防法第９条第２項本文規定の場合と同じである。

§ 2-2　航路出入等の漁ろう船等・航路停留船は航路航行の巨大船を避航（第3条第2項）

(1) 航　法（第2項前段）

① 航路を入・出・横断しようとしている／航路をこれに沿わないで航行している　漁ろう船等
② 航路で停留している船舶
は，航路航行の巨大船と衝突するおそれがあるときは，巨大船を避航しなければならない。（図2·7）

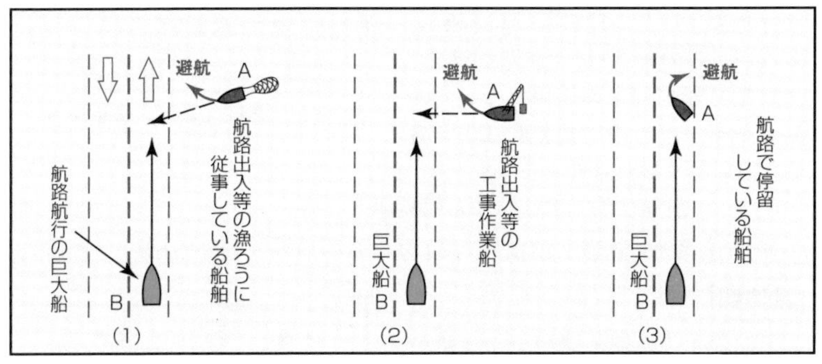

図2·7　航路出入等の漁ろう船等・航路停留船は航路航行の巨大船を避航

◆ 巨大船は，前記のとおり操縦性能が悪いため，航路幅が狭く船舶交通がふくそうする航路においては避航動作を十分にとることが困難であるので，この規定は，航路出入等の漁ろう船等又は航路停留船に避航義務を課したものである。

巨大船は，航路に沿って航行する保持船となる。

◆「停留」とは，予防法でいう航行中の1つの状態で，船舶が錨泊をし，陸岸に係留をし又は乗り揚げていない状態のうち，一時的に留まるために速力を持たないでいることをいう。したがって，予防法の「航行中」は，海交法においては，次のとおり2つに区分される。

<table>
<tr><th>船舶の状態</th><th>予防法</th><th colspan="2">海交法</th></tr>
<tr><td rowspan="2">船舶が錨泊（係船浮標又は錨泊をしている船舶にする係留を含む。）をし，陸岸に係留をし，又は乗り揚げていない状態</td><td rowspan="2">航行中</td><td>停留中</td><td>一時的に留まるために速力を持たない状態</td></tr>
<tr><td>航行中</td><td>上記以外の状態</td></tr>
</table>

例えば，第12条第１項に「航行し，又は停留している船舶（巨大船を除く。）は，……」とあるように，海交法では，予防法の「航行中」を，更に「航行中」と「停留中」とに区分している。

「停留」という用語は，上記のとおり予防法にはなく，海交法と港則法において特に用いられているものである。

(2) 他の航法規定との優先関係（第２項後段）

第２項後段の規定により，次に掲げる予防法の規定は，「航路をこれに沿って航行している巨大船」に適用されない。つまり，第２項前段の規定が，次に掲げる予防法の規定に優先する。

⑴　予防法第９条第２項（狭い水道等における動力船と帆船の航法）

⑵　予防法第９条第３項（狭い水道等における漁ろう船と他の船舶の航法）

具体例

航路を横断しようとしている漁ろうに従事している船舶と航路航行の巨大船との場合は，予防法第９条第３項ではなく本条第２項前段の規定により，漁ろうに従事している船舶が，巨大船を避航しなければならない。

⑶　予防法第13条第１項（追越し船の航法）

⑷　予防法第14条第１項（行会い船の航法）

⑸　予防法第15条第１項前段（横切り船の航法）

⑹　予防法第18条第１項（第３号及び第４号に係る部分に限る。）（各種船舶間の航法―①動力船と漁ろう船（第３号），②動力船と帆船（第４号）の航法）

①　第３号に関するものは，予防法第９条第３項本文規定と同じ。（具体例は，上記⑵を参照。）

②　第４号に関するものは，予防法第９条第２項本文規定と同じ。

【注】　第３条第１項・第２項の避航関係を定めた航法規定は，内容がやや複

雑であるが，海交法で定める11の航路すべてにおいて適用される基本的かつ重要な規定であるので，十分に理解されたい。なお，航路ごとの避航関係を定めた航法規定は，第2節に規定されている。

§ 2-3 「航路をこれに沿って航行している船舶」でないものとみなされる船舶（第3条第3項）

本条第1項及び第2項の航法規定を適用する場合には，船舶がたとえ航路をこれに沿って航行していても，次に掲げる規定の交通方法に従わないで航行している船舶は，「航路をこれに沿って航行している船舶」でないものとみなされ，本条第1項及び第2項の航法規定は適用されない。（第3条第3項）

(1) 第3項第1号規定に掲げる船舶

⑴ 「中央から右の部分を航行しなければならない」と規定されている①浦賀水道航路（第11条第1項），②明石海峡航路（第15条）又は③備讃瀬戸東航路（第16条第1項）において，規定の右側航行に従わないで，航路の左側や中央を航行している船舶。（図2･8）

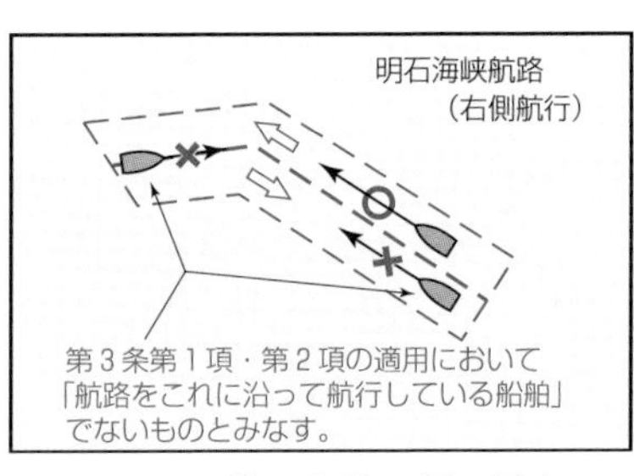

図2･8　第3条第3項の規定

⑵ 「できる限り中央から右の部分を航行しなければならない」と規定されている①伊良湖水道航路（第13条）又は②水島航路（第18条第3項）において，できる限り右側航行することに従わず，漫然と左側や中央を航行している船舶。

⑶ 「規定（北，東，南又は西）の方向に航行しなければならない」と規定されている①中ノ瀬航路（北の方向，第11条第2項），②宇高東航路（北の方向，第16条第2項），③宇高西航路（南の方向，第16条第3項），④備讃瀬戸北航路（西の方向，第18条第1項）又は⑤備讃瀬戸南航路（東の方向，第18条第2項）において，規定の方向に航行することに従わないで，逆の方向に航行している船舶。

⑷ 「順潮時中水道・逆潮時西水道を航行しなければならない等の航法」が規定されている来島海峡航路（第20条第1項）において，これらの

規定に従わないで航行している船舶。

(2) 第3項第2号規定に掲げる船舶

(1) 来島海峡航路において転流があると予想される等の場合において，海上保安庁長官が第20条第1項の航法と異なる航法を指示したときの同航法（第20条第3項）に従わないで航行している船舶。

(2) 工事等による危険を防止するため，海上保安庁長官が臨時に定めた交通方法（第26条第2項・第3項）に従わないで航行している船舶。

◆ 各号の「交通方法に従わない」とは，交通方法に違反して従わない場合だけでなく，第24条（緊急用務を行う船舶等に関する航法の特例）の規定により認められて従わない場合も含んでいる。

後者の場合は，例えば消防船などの緊急船舶は，これらの交通方法に従わないで航行できるが，これは違反でなく，認められている場合である。しかし，この場合であっても，第3条第3項の規定により「航路をこれに沿って航行している船舶」とはみなされない。

§ 2-4　航路出入等の漁ろう船等・航路停留船と「航路航行の巨大船以外の船舶」との航法

本条は，航路出入等の漁ろう船等又は航路停留船と航路航行の巨大船以外の船舶との避航関係について定めていない。

これについては，他の条項においても，海交法はなんら規定していないから，次に掲げるとおり，予防法の規定が適用される。

(1)「航路出入等の漁ろう船等」と「航路航行の巨大船以外の船舶」との航法

「漁ろう船等」を「漁ろうに従事している船舶」と「工事作業船」とに区分して，航法関係をみてみると，次のとおりである。

(1)「航路出入等の漁ろうに従事している船舶」と「航路航行の巨大船以外の船舶」との関係（図2･9）

① 予防法第9条第3項本文（又は第18条第1項（第3号に係る部分に限る。）若しくは同条第2項（第3号に係る部分に限る。））の規定によることができる状況の場合には，航路航行の巨大船以外の船舶(A)が，漁ろうに従事している船舶(B)を避航しなければならない。

漁ろうに従事している船舶は，保持船の立場となる。

② しかし，予防法第9条第3項ただし書の規定に「漁ろうに従事している船舶が狭い水道等（狭い水道又は航路筋）の内側を航行している他の船舶の通航を妨げることができることとするものではない。」と定めているとおり，このただし書規定に該当する場合には，漁ろうに従事している船舶は，航路航行の巨大船以外の船舶の通航を妨げない動作をとらなければならない。

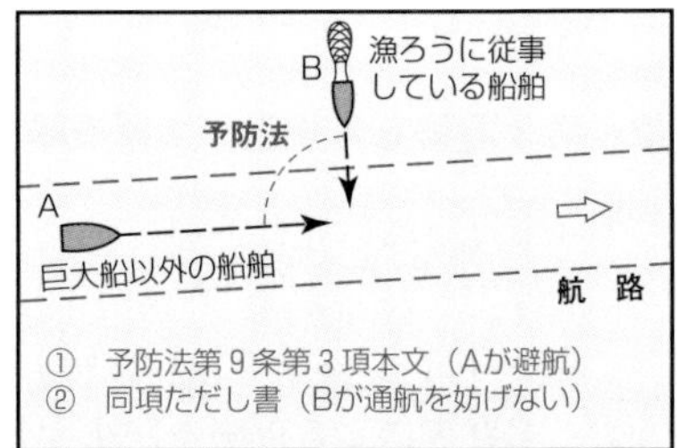

図 2･9　航路出入等の漁ろうに従事している船舶と巨大船以外の船舶（予防法の適用）

(2)「航路出入等の工事作業船」と「航路航行の巨大船以外の船舶」との関係（図2･10）

工事作業船は，予防法の操縦性能制限船とは同一でなく，その表示する灯火又は形象物も異なるが，工事又は作業の性質上他の船舶の進路を避けることが容易でない船舶であるから，操縦性能制限船と同様の性格の船舶といえる。

したがって，巨大船以外の船舶(A)が，予防法第38条・第39条の注意義務により，工事作業船(B)を避航しなければならない。

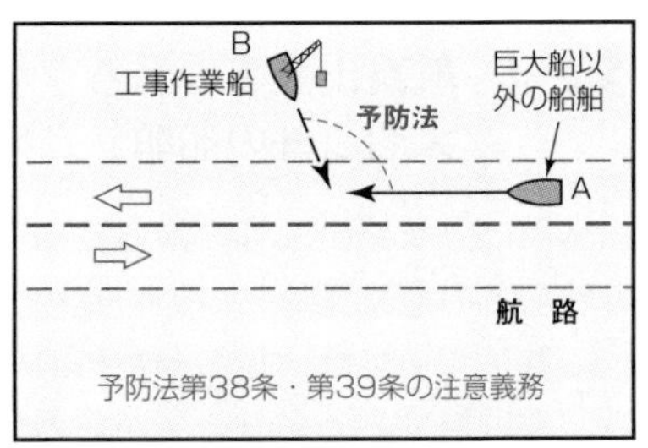

図 2･10　航路出入等の工事作業船と巨大船以外の船舶（予防法の適用）

工事作業船は，巨大船以外の船舶に避航してもらうのであるから，できる限り保持船の動作をとると共に，同船の動静に十分に注意しなければならない。

(2)「航路停留船」と「航路航行の巨大船以外の船舶」との航法（図2･11）

航路停留船が予防法上の航行船であることから，予防法上の両船間に適用される航法規定により動作をとらなければならない。しかし，停留船は，通常速力がなく針路も一定しないため見合い関係を判断しにくい場合があり，また早急に避航動作をとりにくい場合もあるから，巨大船以外の船舶(A)及び停留船(B)は，それぞれ予防法第38条・第39条の注意義務により，互いに他の船舶の動静に十分に注意して衝突回避動作をとる必要がある。

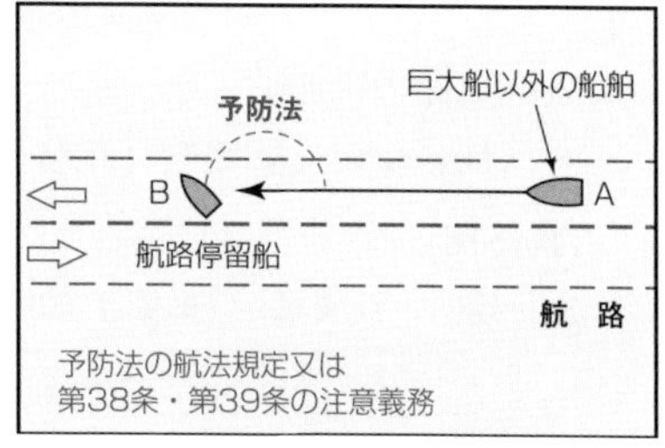

図2・11　航路停留船と巨大船以外の船舶（予防法の適用）

第4条　航路航行義務

> 第4条　長さが国土交通省令で定める長さ以上である船舶は，航路の附近にある国土交通省令で定める2の地点の間を航行しようとするときは，国土交通省令で定めるところにより，当該航路又はその区間をこれに沿って航行しなければならない。ただし，海難を避けるため又は人命若しくは他の船舶を救助するためやむを得ない事由があるときは，この限りでない。

§ 2-5　航路航行義務（第4条）

(1)　航路航行義務（第4条本文）

本条は，海交法が船舶の通路として航路を設け航路航法を定めて船舶交通の安全を図ろうとしているのに，船舶が航路を航行しなければ，その目的を達することができないので，ただし書規定の場合を除き，航路の一定区間の航行義務を定めたものである。（図2・12）

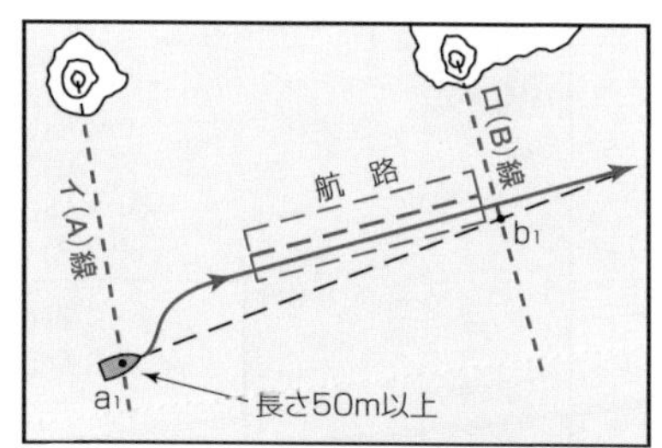

図2・12　航路航行義務

◆「国土交通省令で定める長さ」とは，50メートル（則第3条）で，この長さ以上の船舶が，本条の航路航行義務船である。

◆「国土交通省令で定める２の地点」及び「沿って航行しなければならない航路の区間」とは，施行規則第３条・別表第１に定めるもので，21の区間について航路航行義務を課している。（図2･13）

具体例

施行規則・別表第１（則第３条関係）（航路航行義務）

番号	地　点	これに沿って航行しなければならない航路の区間
1	イ　明鐘岬から304度に陸岸まで引いた線上の地点 ロ　小柴埼から90度に中ノ瀬航路の西側の側方の境界線まで引いた線上の地点	浦賀水道航路の全区間

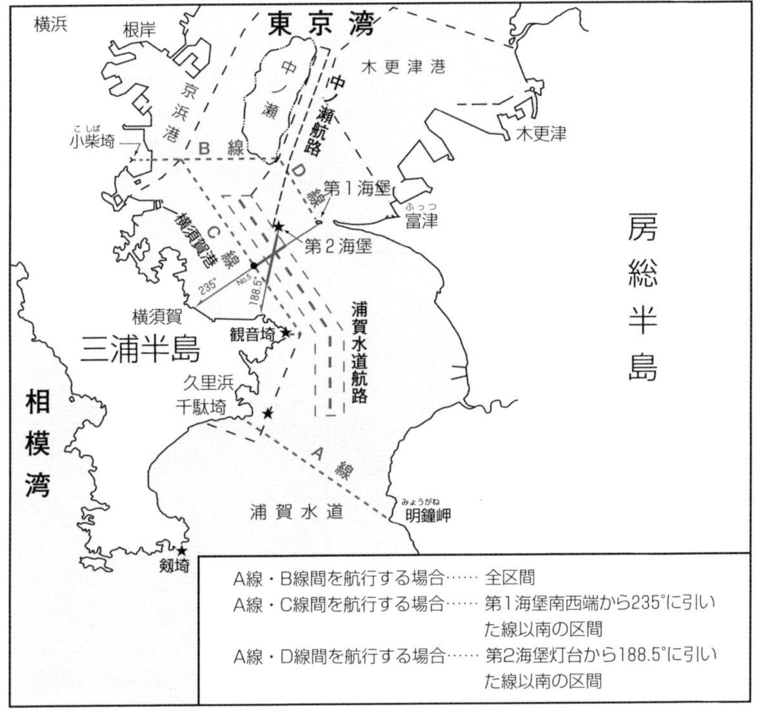

図2･13　航路航行義務（浦賀水道航路）

◆ 航路航行義務船から50メートル未満の船舶を除いたのは，これに航路航行を強制すると，航路内がかえって混雑し安全を期し難いなどの理由による。

この船舶は，航路航行義務はないが，航路を航行しようとするときは，当然規定の航法に従わなければならない。

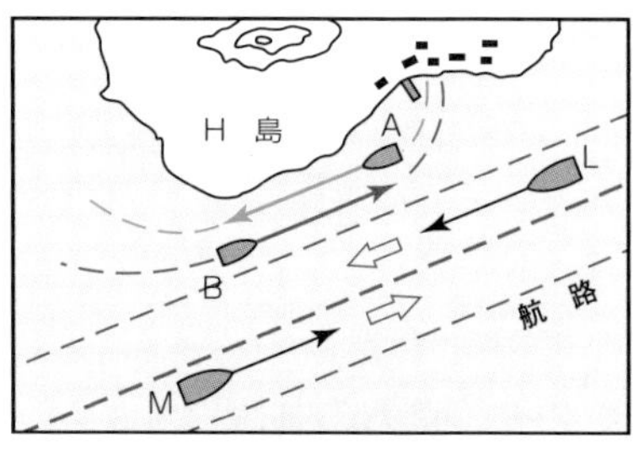

図2・14　航路外の航行（航路航行義務のかからない船舶）

一方，航路外を航行する場合には，図2・14に示すように航路の側方境界線と陸地との間に狭い水道又は航路筋を形成しているときは，A船及びB船は予防法の狭い水道等の航法（同法第9条第1項）により，安全であり，かつ実行に適する限り，右側端に寄って航行しなければならない。この場合に，B船は，航路航行船（L）とは右舷対右舷で航過することとなるので注意を要する。

(2) 航路航行義務によらないことができる場合（第4条ただし書）

航路航行義務は，本条ただし書規定により，次の場合は，この限りでない。つまり，航路航行義務は，課せられない。

① 海難を避けるためやむを得ない事由があるとき。

② 人命又は他の船舶を救助するためやむを得ない事由があるとき。

【注】 施行規則第3条の規定は，海洋の調査その他の用務を行う船舶（その用務が行われる海域を管轄する海上保安部の長が認めたもの）が航路を航行するとき，又は上記のただし書規定に該当するときは，航路航行義務によらないことができると定めている。

【注】 喫水が20メートル以上の船舶については，中ノ瀬航路航行義務が当分の間，免除されている。（則 附則）

第5条　速力の制限

第5条　国土交通省令で定める航路の区間においては，船舶は，当該航路を横断する場合を除き，当該区間ごとに国土交通省令で定める速力（対水速力をいう。以下同じ。）を超える速力で航行してはならない。ただし，海難を避けるため又は人命若しくは他の船舶を救助するためやむを得ない事由があるときは，この限りでない。

§ 2-6　速力の制限（第5条）

(1)　速力の制限（第5条本文）

本条は，航路のうち，見通しの悪いところ，航路の交差するところ，船舶交通が集中するところ，航路幅が狭いところ，変針点のあるところなどにおいて，船舶が高速力で航行するのは危険であるので，航路を横断する場合を除き，速力を制限することを定めたものである。（図 2･15）

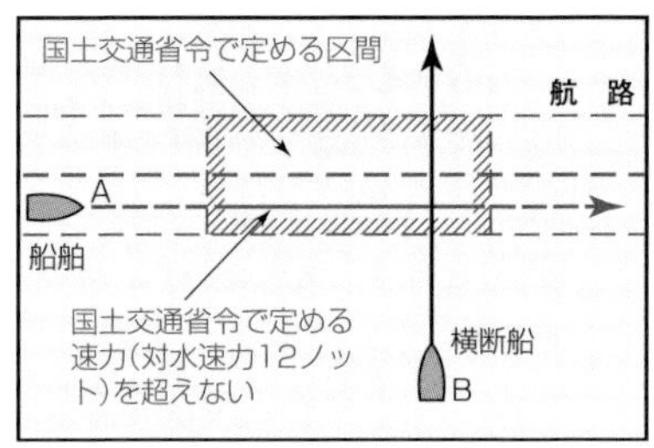

図 2･15　速力の制限

◘「国土交通省令で定める航路の区間」（速力の制限の区間）及び「当該区間ごとに国土交通省令で定める速力」とは，次のとおりである。（則第4条）

航路の名称	航路の区間	速力（対水速力）
浦賀水道航路	航路の全区間　（図 2･16）	12 ノット
中ノ瀬航路	航路の全区間　（図 2･16）	12 ノット
伊良湖水道航路	航路の全区間　（図 2･42）	12 ノット
備讃瀬戸東航路	男木島灯台から 353 度に引いた線と航路の西側の出入口の境界線との間の航路の区間　（図 2･53）	12 ノット
備讃瀬戸北航路	航路の東側の出入口の境界線と本島ジョウケンボ鼻から牛島北東端まで引いた線との間の航路の区間　（図 2･68）	12 ノット
備讃瀬戸南航路	牛島ザトーメ鼻から 160 度に引いた線と航路の東側の出入口の境界線との間	12 ノット

	の航路の区間　（図2·68）	
水島航路	航路の全区間　（図2·68）	12ノット

◆「航路を横断する場合を除き」と定めているのは，航路横断船には速力の制限を課さないことで，航路内を航行している船舶と出会う機会を少なくでき安全であるからである。

航路横断船は，第8条（航路の横断の方法）の規定により，「できる限り直角に近い角度で，すみやかに横断しなければならない」義務が課せられている。

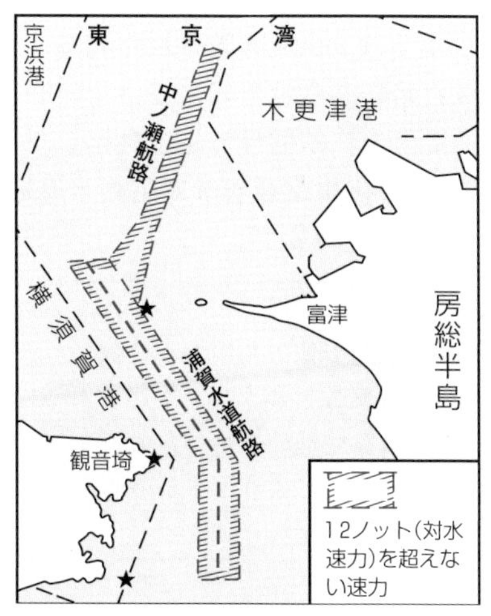

図2·16　速力の制限（浦賀水道航路・中ノ瀬航路）

(2) 速力の制限によらないことができる場合（第5条ただし書）

速力の制限は，本条ただし書規定により，次の場合は，この限りでない。つまり，速力の制限の規定によらないことができる。

① 海難を避けるためやむを得ない事由があるとき。

② 人命又は他の船舶を救助するためやむを得ない事由があるとき。

第6条　追越しの場合の信号

> **第6条**　追越し船（海上衝突予防法第13条第2項又は第3項の規定による追越し船をいう。）で汽笛を備えているものは，航路において他の船舶を追い越そうとするときは，国土交通省令で定めるところにより信号を行わなければならない。ただし，同法第9条第4項前段の規定による汽笛信号を行うときは，この限りでない。

§ 2-7 追越しの場合の信号（第6条）

(1) 追越し信号（第6条本文）

本条は，海域の限られた航路において追越し船が他の船舶を安全に追い越すために，汽笛を備えていない船舶を除き，他の船舶に対し追い越そうとすることを汽笛信号で注意喚起しなければならないことを定めたものである。

◆ 「国土交通省令で定める追越し信号」は，次のとおりである。（則第5条）（図2･17）

追越し	信号方法（海交法）
航路で他の船舶の右舷側を航行しようとするとき	長音1回に引き続く短音1回（━ •）（汽笛）
航路で他の船舶の左舷側を航行しようとするとき	長音1回に引き続く短音2回（━ • •）（汽笛）

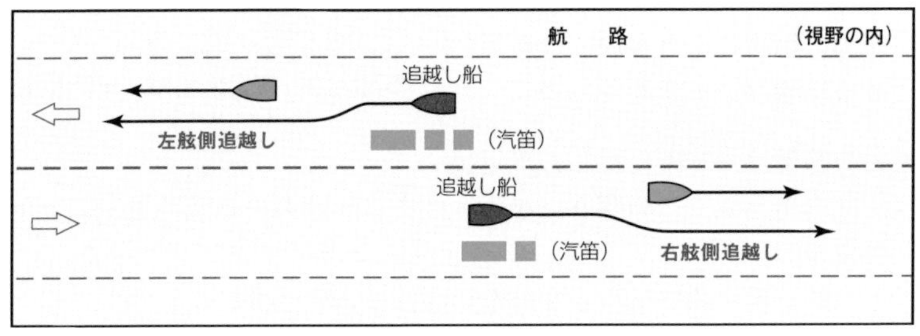

図2･17 航路における追越し信号

◆ 追い越す場合の航法は，当然予防法の追越し船（予防法第13条）の航法によらなければならない。したがって，安全にかわりゆく余地のない場合は追い越してはならない。

追い越される船舶は，保持船（予防法第17条）となる。

(2) 追越し信号を行わないことができる場合（第6条ただし書）

本文規定の追越し信号は，予防法第9条第4項前段の規定により，追越し船が追い越される船舶に追越し同意の動作を求めて追い越す場合の汽笛信号（次の表。図2･18）を行う場合は，この限りでない。つまり，本文規定の追越し信号を行わないことができる。

追越し	信号方法（予防法）
他の船舶の右舷側を追い越そうとするとき	長音2回に引き続く短音1回（━ ━ •）（汽笛）
他の船舶の左舷側を追い越そうとするとき	長音2回に引き続く短音2回（━ ━ • •）（汽笛）

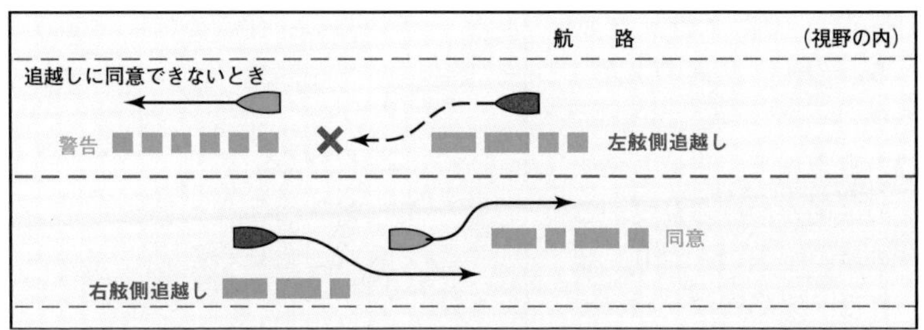

図2·18　航路において追い越される船舶に追越し同意の動作を求めて追い越そうとする場合の汽笛信号（予防法第9条第4項前段）

第6条の2　追越しの禁止

> 第6条の2　国土交通省令で定める航路の区間をこれに沿って航行している船舶は，当該区間をこれに沿って航行している他の船舶（漁ろう船等その他著しく遅い速力で航行している船舶として国土交通省令で定める船舶を除く。）を追い越してはならない。ただし，海難を避けるため又は人命若しくは他の船舶を救助するためやむを得ない事由があるときは，この限りでない。

§ 2-7の2　追越しの禁止（第6条の2）

(1) 追越しの禁止（第6条の2本文）

本条は，航路のうち，「国土交通省令で定める航路の区間」においては，近時の船舶交通のふくそう化等や視界の制限，強い潮流，航路の屈曲などにより，航路航行船が他の船舶を追い越すことは，衝突や乗揚げの危険を生ずるおそれがあるので，追越しの禁止を定めたものである。

◆　その「国土交通省令で定める航路の区間」とは，来島海峡航路のうち，図2･18の2に示す区間（ピンク色）である。（則第5条の2第1項）

◆　海交法で，追越し禁止の区間が設けられているのは，上記のとおり，現在は，来島海峡航路においてだけである。

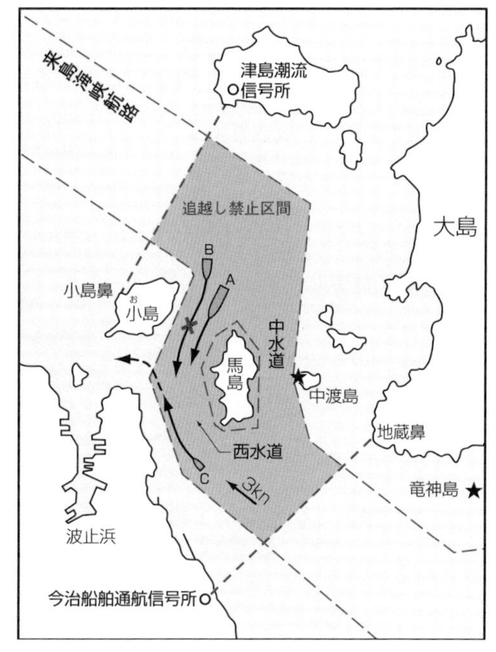

図2･18の2　追越しの禁止

◆　本条かっこ書きの「漁ろう船等その他著しく遅い速力で航行している船舶として国土交通省令で定める船舶」とは，次に掲げる船舶である。

⑴　漁ろう船等（第2条第2項第3号）
- ①　漁ろうに従事している船舶
- ②　許可を受けた工事又は作業を行っている船舶（工事作業船）

⑵　その他著しく遅い速力で航行している船舶として「国土交通省令で定める船舶」（則第5条の2第2項）
- ①　緊急用務を行うための船舶（令第5条）であって，緊急用務を行うために航路を著しく遅い速力で航行している船舶
- ②　順潮の場合に，その速力に潮流の速度を加えた速度が4ノット未満で航行している船舶
- ③　逆潮の場合に，その速力から潮流の速度を減じた速度が4ノット未満で航行している船舶

上記の船舶は，㋑来島海峡航路の前記の区間を航行しているものであり，また㋺本条の規定する「他の船舶」から除かれ，航路をこれに沿って

航行している船舶に追い越されることがあるものである。

【注】 ②及び③の船舶は，言い方を変えれば，潮流のある・なしにかかわらず，すなわち対地速力が4ノット未満で航行している船舶のことである。

(2) 追越しの禁止によらないことができる場合（第6条の2ただし書）

追越しの禁止の規定は，本条ただし書規定により，次の場合は，この限りでない。つまり，追越しの禁止の規定によらないことができる。

⑴ 海難を避けるためやむを得ない事由があるとき。

⑵ 人命又は他の船舶を救助するためやむを得ない事由があるとき。

第7条　進路を知らせるための措置

> 第7条　船舶（汽笛を備えていない船舶その他国土交通省令で定める船舶を除く。）は，航路外から航路に入り，航路から航路外に出，又は航路を横断しようとするときは，進路を他の船舶に知らせるため，国土交通省令で定めるところにより，信号による表示その他国土交通省令で定める措置を講じなければならない。

§ 2-8　進路を知らせるための措置（第7条）

本条は，船舶が航路を出入りしたり横断したりしようとするときに，付近の船舶に自船のとる行動を前広に知らせることで，他の船舶が安全な進路を判断できるように，進路を知らせるための措置（信号による表示及びAISによる措置）について定めたものである。

(1) 進路を知らせる国際信号旗の表示又は汽笛信号の吹鳴（第7条）

信号による進路（以下「進路信号」という。）の表示は，国際信号旗の表示又は汽笛信号の吹鳴により行う。

◘ 「国土交通省令で定める船舶」とは，進路信号による表示を行う場合にあっては，総トン数100トン未満の船舶である。（則第6条第1項）

　したがって，総トン数100トン以上で汽笛を備えている船舶は，進路信号を表示しなければならない。

◆「国土交通省令で定めるところ」による進路信号とは，施行規則第6条第3項・別表第2に定められている。（図2・19）

具体例

施行規則・別表第2（則第6条第3項関係）（進路信号）

船舶	信号の方法	
	昼間	夜間
1　**浦賀水道航路**をこれに沿って北の方向に航行し，同航路から**中ノ瀬航路**に入り，同航路をこれに沿って航行し，同航路の東側の側方の境界線を横切って**木更津港**の区域に入ろうとする船舶	浦賀水道航路内において観音埼灯台に並航した時（同航路内において同灯台に並航することのない船舶にあっては，同航路に入った時）から中ノ瀬航路外に出た時までの間**第1代表旗**の下に縦に上から**N旗**及び**S旗**を表示すること。	浦賀水道航路内において観音埼灯台に並航した時，中ノ瀬航路に入るため針路を転じることを予定している地点から半海里以内に達した時，同航路に入るため針路を転じようとする時，同航路の南側の出入口の境界線を横切る時並びに同航路内において，木更津港の区域に入るため針路を転じることを予定している地点から半海里以内に達した時及び同港の区域に入るため針路を転じようとする時に汽笛を用いて順次に**長音2回，短音1回及び長音1回**を鳴らすこと。

【注】 ⑴　上記の別表第2は，43の進路信号を定めているが，その昼間の信号（国際信号旗）において，S旗は**S**tarboard（右転），P旗は**P**ort（左転），またC旗は**C**rossing（横断）のそれぞれの頭文字である。

⑵　N旗は，中ノ瀬航路の英文頭文字である。これは，同航路を航行する船舶であることを他船に示すためである。

⑶　図2・19の凡例において，1つのルートの汽笛信号が2段で記載されているものがあるが，これは上段の信号を先ず浦賀水道航路で鳴らし，次いで下段の信号を中ノ瀬航路で鳴らすことを示している。これは，図2・35の凡例においても同じである。

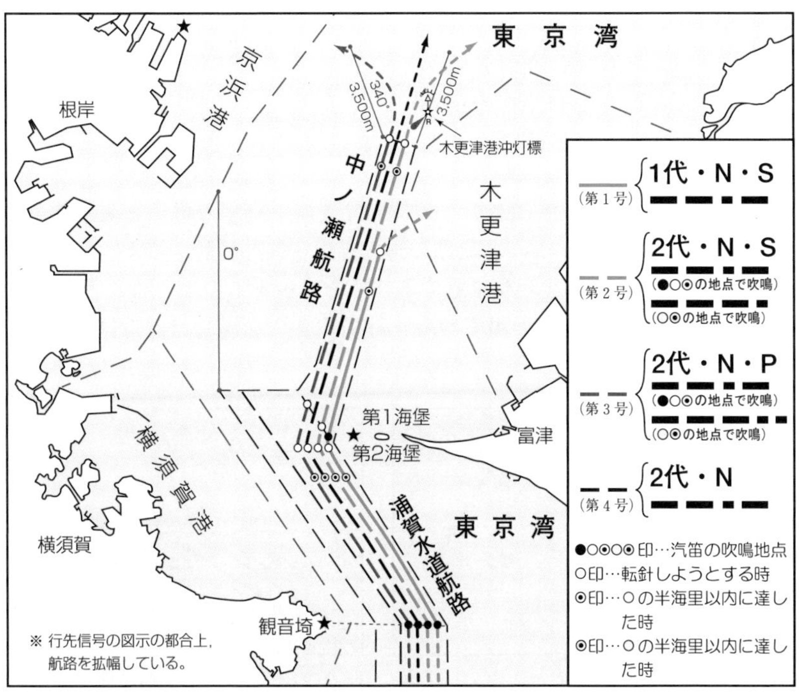

図 2・19　進路信号（浦賀水道航路・中ノ瀬航路）（10 ルートの進路信号のうち，4 ルートの進路信号を掲げた。残り 6 ルートのものは図 2・35 を参照。）

◘　進路信号は，昼間は国際信号旗を，また夜間は汽笛を用いて行うもので，前記の【注】(2)の中ノ瀬航路を航行する船舶の 1 代・N・S（例）など特殊なものは別として，次の信号方法により表示することが定められている。

	進　路	国際信号旗（昼間）	汽笛（夜間）
(1)	航路の途中から出入して右転する場合	第 1 代表旗＋S 旗	— — • —
	航路の途中から出入して左転する場合	第 1 代表旗＋P 旗	— — • • —
	航路を横断するか，これに類する場合	第 1 代表旗＋C 旗	— — — —

(2)	航路の出入口を出てから右転するか，これに類する場合	第2代表旗＋S旗	━━ ━━ ━━ ●
	航路の出入口を出てから左転するか，これに類する場合	第2代表旗＋P旗	━━ ━━ ━━ ●●

◘　上記の国際信号旗において，第1代表旗を冠する信号を表示するのは，図2･20に示すように航路の途中を出・入・横断するような場合であり，また，第2代表旗を冠する信号を表示するのは，図2･21に示すように航路の出入口を出てから転針するような場合（横断は，ない。）である。

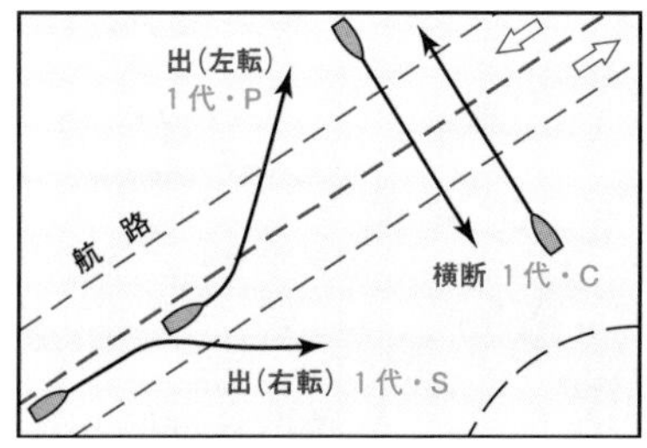

図2･20　航路の途中から出入して右転若しくは左転し又は航路を横断する場合の進路信号

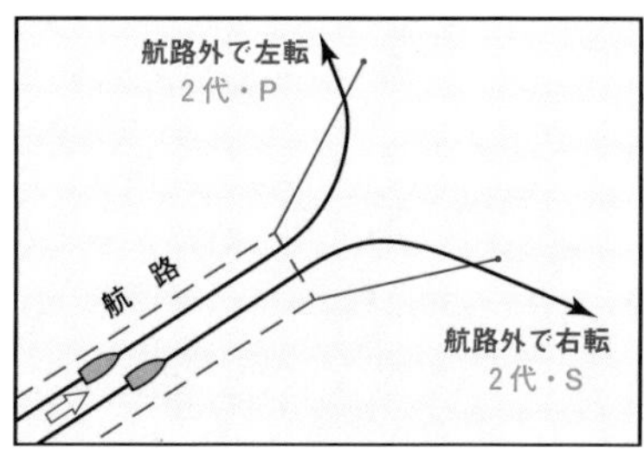

図2･21　航路の出入口を出てから右転又は左転する場合の進路信号

◘　進路信号に用いる国際信号旗を図示すると，図2･22のとおりである。

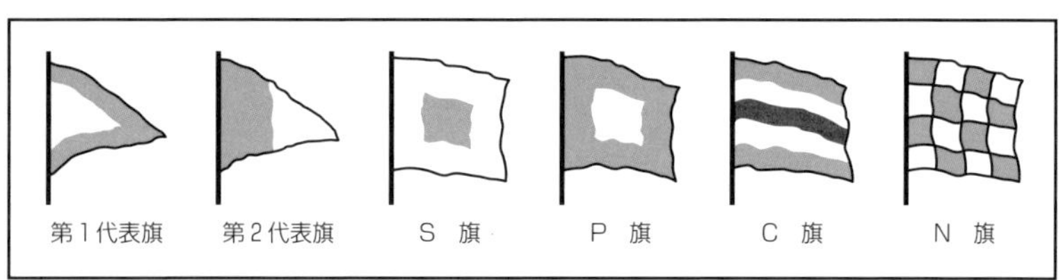

図2･22　進路信号（昼間）に用いる国際信号旗

◘　本条の進路信号と予防法第34条の操船信号とは，別個のものである。

船舶が進路信号を表示している場合でも，その船舶が，動力船で他の船舶と見合い関係（視野の内）にあり，規定により衝突回避の転針等を行うときには，行先信号とは別に，操船信号（汽笛）を行わなければならない。

なお，発光による操船信号は，任意であるが，特に夜間において有効なものである。

【注】 本条が適用船舶の大きさについて総トン数100トン未満を除いたのは，船舶設備規程において，総トン数100トン未満の船舶など一定のものには，NC（遭難信号）の2旗以外の国際信号旗を備え付けることを要しない旨を定めていることを考慮したものである。

(2) AIS（船舶自動識別装置）による目的地に関する情報の送信（第7条）

⑴ AISによる送信

「その他国土交通省令で定める措置」として，AISにより目的地に関する情報を送信すること（以下「AISによる送信」という。）が規定されている。(則第6条第2項)

◘ AISは，船舶の呼出符号，船名，位置，針路，速力，目的地などの情報をVHF帯電波で自動的に送受信する装置で，同装置を搭載する船舶は，船員法施行規則の規定により，航行中，一定の場合を除いて常時作動させておかなければならない。

◘ 「AISによる送信」の規定の適用が除外される「国土交通省令で定める船舶」とは，①AISを備えていない船舶及び②船員法施行規則（第3条の16ただし書規定）によりAISを作動させていない船舶である。(則第6条第1項後段)

⑵ 送信に関する告示で定める記号

AISによる送信は，当該航路を航行する間，仕向港に関する情報その他の進路を知らせるために必要な情報について，海上保安庁長官が告示で定める記号（p.210に掲載）により，AISの目的地に関する情報として送信することにより行わなければならない。(則第6条第4項)

具体例

図2·22の2に示すAISによる送受信情報は，DESTINATION（目的地）の「>JP　YOK」で，日本国・京浜港横浜区へ向かうことを示している。

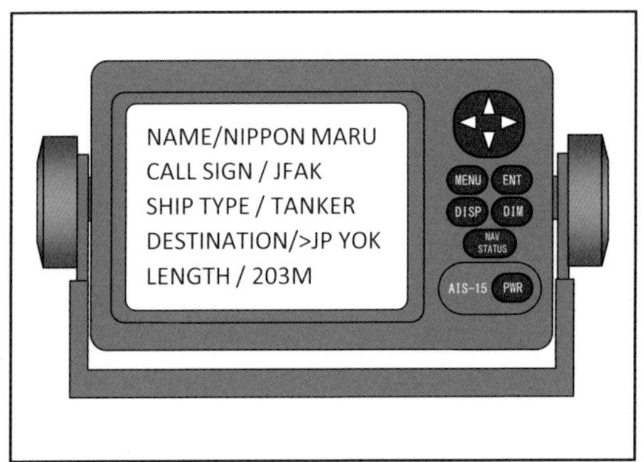

図2・22の2 AISによる送受信（例）

◆ 船舶が，目的地に関する情報として，告示に従って仕向港その他の必要な情報をAISで送信することで，海上交通センターは船舶交通の安全のために必要な情報を，当該船舶及び周囲の船舶に提供できる。

【注】 港内又はその境界付近における「進路の表示」については，「図説 港則法」§3-32を参照されたい。

第8条 航路の横断の方法

第8条 航路を横断する船舶は，当該航路に対しできる限り直角に近い角度で，すみやかに横断しなければならない。

2 前項の規定は，航路をこれに沿って航行している船舶が当該航路と交差する航路を横断することとなる場合については，適用しない。

§2-9 航路の横断の方法（第8条）

本条は，航路を横断する船舶の，航路の横断の方法について定めたものである。

(1) 航路の横断の方法（第8条第1項）

航路横断船は，航路の横断を次の方法で行わなければならない。（図

2･23）

⑴　航路に対しできる限り直角に近い角度で横断すること。

⑵　すみ（速）やかに横断すること。

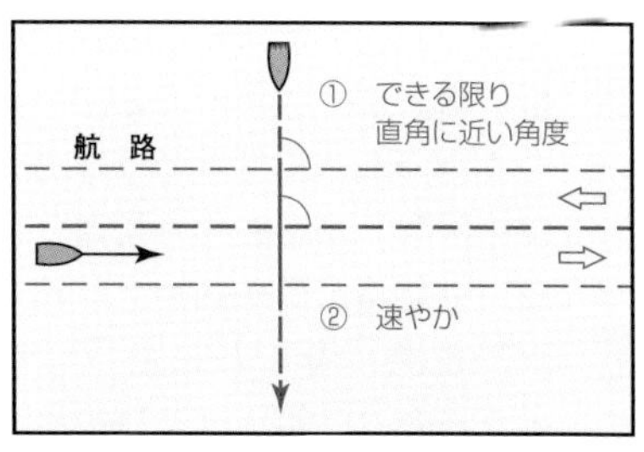

図 2･23　航路の横断の方法

◆　第1項の規定は，航路横断船が航路航行船に対して，横断する船舶であることをはっきり示して見合いを明確にするとともに，航路内にいる時間をできる限り短くして航路航行船と出会う機会を少なくするためのものである。

(2)　航路と航路とが交差している場合の適用除外（第8条第2項）

第1項の規定は，航路と航路とが交差している場合には，適用しない。（図 2･24）

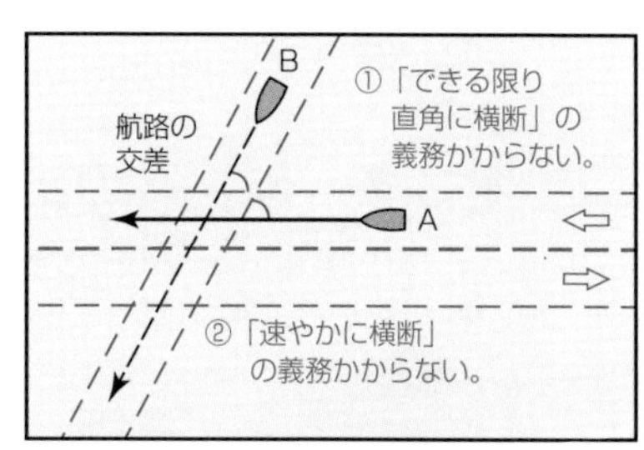

図 2･24　航路交差部における航路の横断

◆　第2項の規定は，航路と航路とが交差する場合（A 船・B 船）には，次の理由により，第1項の規定の適用除外を定めたものである。

①　航路は必ずしも直角に近い角度で交差するとは限らないこと。

②　速力制限がある航路をこれに沿って航行している船舶は，同航路と交差する航路を速やかに横断するために増速すべきではなく，また速力制限がない航路であっても船舶交通の流れが交差する海域で増速することは極めて危険であること。

◆　実際に，航路と航路とが交差しているところは，次の3か所である。

①　備讃瀬戸東航路と宇高東航路との交差部（図 2･25，図 2･52）

②　備讃瀬戸東航路と宇高西航路との交差部（図 2･52）

③　備讃瀬戸北航路と水島航路との交差部（図 2･55）

これらの航路は，いずれも実際には直角に近い角度で交差しているので，船舶が1つの航路をこれに沿って航行すれば，おのずから，これと

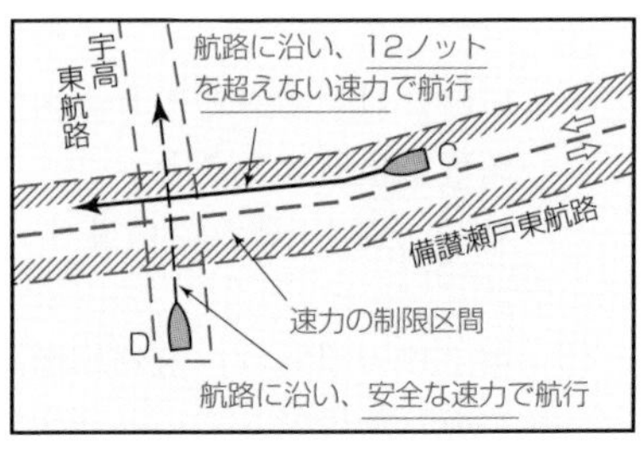

図2·25　航路と航路との交差（具体例）

交差する他の航路を直角に近い角度で横断することとなる。

また，交差部付近で「速力の制限の区間」が存在する航路（備讃瀬戸東航路，備讃瀬戸北航路又は水島航路）をこれに沿って航行する場合（C船）は，速やかでなく，制限速力（対水速力12ノット）を超えない速力で，交差する他の航路を横断しなければならない。

一方，「速力の制限の区間」がない航路（宇高東航路又は宇高西航路）をこれに沿って航行する場合（D船）は，交差する他の航路の航行船の動向に十分に注意して，「安全な速力」（予防法第6条）で横断しなければならない。

第9条　航路への出入又は航路の横断の制限

> **第9条**　国土交通省令で定める航路の区間においては，船舶は，航路外から航路に入り，航路から航路外に出，又は航路を横断する航行のうち当該区間ごとに国土交通省令で定めるものをしてはならない。ただし，海難を避けるため又は人命若しくは他の船舶を救助するためやむを得ない事由があるときは，この限りでない。

§ 2-10　航路への出入又は航路の横断の制限（第9条）

(1)　航路への出入・横断の制限（第9条本文）

航路のうち，船舶交通が特に集中するところ，航路付近に島などがあり特に狭隘なところ，航路と航路とが交差しているところ，見通しの悪いところ，変針点にあたるところ，潮流の激しいところなどで，船舶が思い思いに航路を出入したり，横断したりすると，航路に沿って航行する船舶交通の流れを乱し，かつ航路航行船や一定の航路出入等の船舶は，十分な衝突回避動作をとる余裕・余地が少なくなり危険な状況となりやすい。よって，本条は，ただし書規定の場合を除き，一定の区間において航路への出入や航路の横断のうち，一定のものを制限することを定めたものである。

◆「国土交通省令で定める航路の区間」においては，船舶は，次に掲げる3つの航行のうち当該区間ごとに国土交通省令で定めるものをしてはならない。（図2･26）

(1)　航路外から航路に入る航行

(2)　航路から航路外に出る航行

(3)　航路を横断する航行

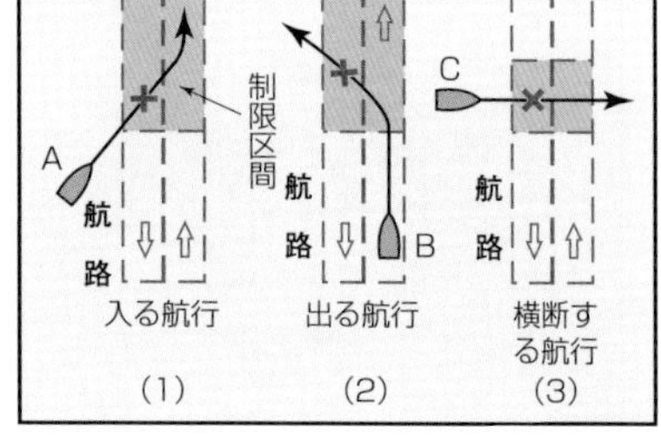

図2･26　航路の出入・横断の制限

◆「国土交通省令で定める航路の区間」及び当該区間ごとにしてはならない「国土交通省令で定めるもの」とは，次の表（要旨）のとおりである。

同表の2つの航路の一定の区間においては，出入・横断のうち一定のものを禁止している。（則第7条）

航路の名称	航路の区間	してはならない航行
備讃瀬戸東航路	宇高東航路及び宇高西航路との交差部東側・西側の一定の航路の区間（図2･27）	①　横断する航行
来島海峡航路	馬島周辺の一定の航路の区間（図2･79）	①　入る航行（同図のA線・B線を横切る場合に限る。） ②　出る航行（同上） ③　横断する航行（同上）

【注】　本条の「出入・横断の制限の区間」及び第5条の「速力の制限の区間」を標示するため標識が設置されている。その具体例をあげると，次のとおりである。

(1)　備讃瀬戸東航路第1号灯浮標

同灯浮標は，図2･27に示す「横断の制限の区間」（第9条）と航路の側方境界（北側屈曲部）の標示を兼ねている（大槌島南東の黒丸じるし）。同灯浮標は左舷標識であるから，上部に円筒形頭標1個を付けてい

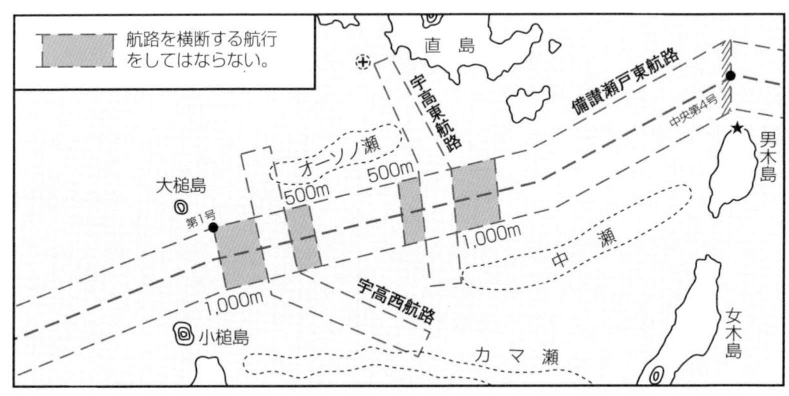

図 2·27　航路の横断の制限（備讃瀬戸東航路）

るが，標体の塗色は通常の左舷標識とは異なり，上部が黄色，下部が緑色に塗られている。灯火の光り方は群閃緑光（毎6秒に2閃），つまり Fl (2) G6s である。

(2)　備讃瀬戸東航路中央第4号灯浮標

同灯浮標は，図 2·27 又は図 2·53（後掲）に示す「速力の制限の区間」（第5条）と航路中央の標示を兼ねている（男木島北方の黒丸じるし）。その標体は赤・白縦じまの安全水域標識で，灯火の光り方は等明暗（白）光（4秒），つまり Iso4s である。

◆　図 2·27 に示すとおり，備讃瀬戸東航路においては，航路を横断する航行をしてはならない区間が定められている。

図 2·28 に示すように，例えば，備讃瀬戸東航路と宇高西航路の交差部付近の「横断の制限区間」では，本条ただし書規定の事由がある場合を除いて，航路の横断は禁止である。

よって，同図に示すC船，D船及びE船のような航行をしてはならない。

この「横断の制限区間」を設けたのは，宇高西航路（又は宇高東航路）を航行する船舶が，同航路の航行船であることを備讃瀬戸東航路航行船などに対して明確に示

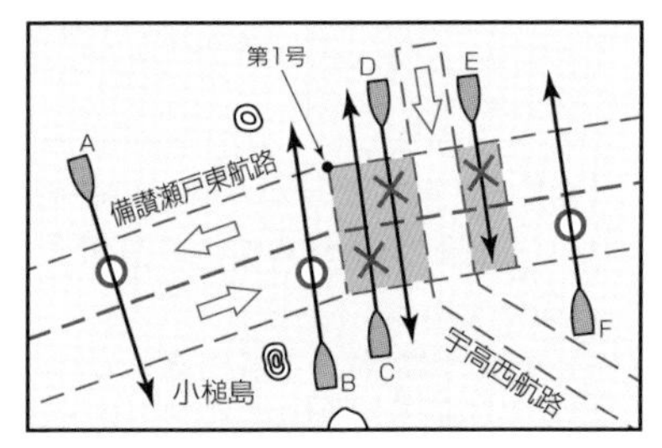

図 2·28　備讃瀬戸東航路と宇高西航路との交差部付近における横断の可否

し，両船間に衝突のおそれがあるときに適用すべき航法（後述）について認識の不一致が起きないようにするためである。

備讃瀬戸東航路を横断する場合は，同図に示すA船，B船及びF船のように，同航路の「横断の制限区間」以外の場所でしなければならない。

もし，これらの船舶が備讃瀬戸東航路を横断しようとしている場合に，同航路を航行している船舶と衝突のおそれがあるときは，第3条（避航等）などの規定によって衝突のおそれを解消する動作をとらなければならない。

(2) 航路の出入・横断の制限によらないことができる場合（第9条ただし書）

航路への出入又は横断の制限は，本条ただし書規定により，次の場合は，この限りでない。つまり，その制限の規定によらないことができる。

① 海難を避けるためやむを得ない事由があるとき。

② 人命又は他の船舶を救助するためやむを得ない事由があるとき。

第10条　びょう泊の禁止

> **第10条**　船舶は，航路においては，びょう泊（びょう泊をしている船舶にする係留を含む。以下同じ。）をしてはならない。ただし，海難を避けるため又は人命若しくは他の船舶を救助するためやむを得ない事由があるときは，この限りでない。

§ 2-11　錨泊の禁止（第10条）

(1) 錨泊の禁止（第10条本文）

航路は船舶の通路として設けられたところであるから，本条は，当然のことながら，船舶交通の障害となる錨泊を，ただし書規定の場合を除き，禁止することを定めたものである。（図2·29）

◇ 例え航路外であっても，航路至近に投錨することは，風潮流など外力の影響により船体が振れ回り航路にかかると，航路航行船の安全な航行を妨げることになる。よって，そのような投錨は慎まなければならない。

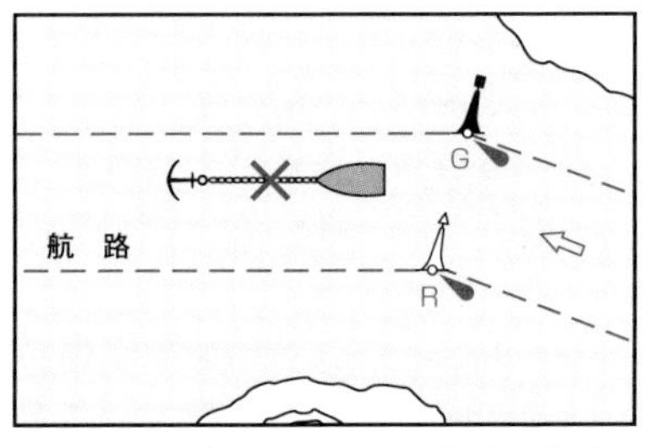

図2･29　航路における錨泊の禁止

(2) 錨泊の禁止によらないことができる場合（第10条ただし書）

錨泊の禁止は，本条ただし書規定により，次の場合は，この限りでない。つまり，錨泊の禁止の規定によらないことができる。

① 海難を避けるためやむを得ない事由があるとき。

② 人命又は他の船舶を救助するためやむを得ない事由があるとき。

第10条の2　航路外での待機の指示

> 第10条の2　海上保安庁長官は，地形，潮流その他の自然的条件及び船舶交通の状況を勘案して，航路を航行する船舶の航行に危険を生ずるおそれのあるものとして航路ごとに国土交通省令で定める場合において，航路を航行し，又は航行しようとする船舶の危険を防止するため必要があると認めるときは，当該船舶に対し，国土交通省令で定めるところにより，当該危険を防止するため必要な間航路外で待機すべき旨を指示することができる。

§ 2-11の2　航路外での待機の指示（第10条の2）

本条は，海上保安庁長官が，地形（航路の幅や形状），潮流（強さや流況など），その他の自然的条件（視界の状況など）及び船舶交通の状況（ふくそうの程度や危険物積載船等の航行など）を勘案して，航路を航行し，又は航路を航行しようとする船舶の航行に危険を生ずるおそれのあると認めるときは，その危険を防止するため，当該船舶に対し，必要な間航路外で待機すべき旨を指示することができることを定めたものである。

◆　この航路外での待機の指示は，昭和47年の海交法施行当時には，伊良湖水道航路及び水島航路においては，航路幅が十分にとれないために，巨大船と他の船舶（巨大船を除く。）との行会いが危険であると認めるときに，同長官は他の船舶に航路外での待機を指示することができる旨の規定だけが定められていた。

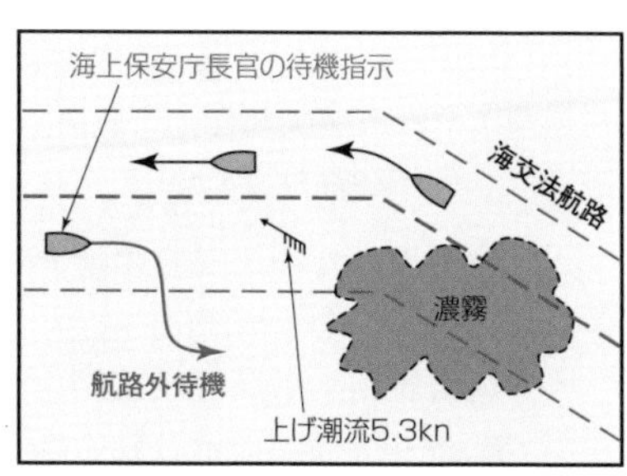

図2・29の2　航路外での待機の指示

しかし，近時の船舶交通のふくそう化等に伴い，第10条の2の規定が新設（平成22年7月施行）され，航路外での待機の指示が適用されるケースが大幅に増えた。

航路外での待機が指示される「航路ごとに国土交通省令で定める場合」とは，上述の自然的条件や船舶交通の状況により，次の場合に大別することができる。

(1) 自然的条件により危険を生ずるおそれのある場合（則第8条第1項）

(1)　視界制限状態において，一定の船舶が航路を航行する場合。
以下の2つの状態に分け，対象船舶が定められている。
①　視程が1,000メートルを超え2,000メートル以下の状態
②　視程が1,000メートル以下の状態
適用航路：海交法に規定するすべての航路（11航路）
航路外待機が指示される場合：具体例は以下のとおり。

航路の名称	危険を生ずるおそれのある場合
備讃瀬戸東航路 宇高東航路 宇高西航路 備讃瀬戸北航路 備讃瀬戸南航路	次の各号のいずれかに該当する場合 (1)　視程が1,000メートルを超え2,000メートル以下の状態で，巨大船，特別危険物積載船[注]又は長大物件えい航船等[注]が航路を航行する場合 (2)　視程が1,000メートル以下の状態で，長さ160メートル以上の船舶，危険物積載船又は長大物件えい航船等が航路を航行する場合

【注】 (1)「特別危険物積載船」とは，総トン数50,000トン（危険物が液化ガスである場合には，総トン数25,000トン）以上の危険物積載船をいう。
(2)「長大物件えい航船等」とは，引き又は押している全体の距離（条文参照）が200メートル以上の船舶をいう。

(2) 強潮流のため，一定の速力を保つことができずに航路を航行するおそれのある場合。

適用航路：来島海峡航路

航路外待機が指示される場合：潮流をさかのぼって航路を航行する船舶が潮流の速度に4ノットを加えた速力以上の速力を保つことができずに航行するおそれがある場合。

(2) 地形上，航路幅を十分にとることができない航路において，航路内で巨大船と行き会うことが予想される場合（則第8条第2項）

適用航路：伊良湖水道航路，水島航路（2航路のみ）

航路外待機が指示される場合：§2-18及び§2-29参照

【注】 伊良湖水道航路及び水島航路における航路外待機の指示については，従来は「第2節　航路ごとの航法」に定められていたが，法改正（平成22年7月）により，「第1節　航路における一般的航法」として第10条の2において規定されている。しかし，航路ごとに解説するほうが，避航に関する航法との関係からみてわかりやすいと考えるので，本書では従来どおり，「航路ごとの航法」において説明している。

◆ 航路外待機の指示は，海上保安庁長官が告示で定めるところにより，VHF無線電話，海上保安庁の船舶からの呼びかけその他の適切な方法によるとともに，信号板による文字の点滅（第2項の場合）により行われる。（則第8条第1項・第2項）

第2節　航路ごとの航法

§ 2-12 「航路ごとの航法」の大要

第2節に規定する「航路ごとの航法」は，第1節に規定する「航路における一般的航法」と共に，海交法の柱をなす重要な規定であるが，その規定（第11条～第21条）には，やや複雑なところがあるので，理解を早める一助として，先ずそのポイントを示すと，次に掲げる表のとおりである。

<table>
<tr><th colspan="2">航法規定</th><th>要　旨</th><th>関係条文</th></tr>
<tr><td rowspan="2">航路ごとの航法（第2節）</td><td>(1)
通航方法を定めた航法規定</td><td>衝突のおそれの有無に関係なく，また視界の良否に関係なく，航路を航行する場合に守るべき通航方法を定めたもの
来島海峡航路における転流前後の特別な航法の指示を定めたもの</td><td>第11条，第13条，第15条，第16条，第18条，第20条，第21条</td></tr>
<tr><td>(2)
避航関係を定めた航法規定</td><td>交差している2つの航路の航行船，又は航路の交差部・接続部を変針する巨大船と航行船・停留船（巨大船を除く。）の避航関係を定めたもの
航路幅が十分でない航路で巨大船と行き会い衝突のおそれがある場合の避航関係を定めたもの</td><td>第12条，第14条，第17条，第18条第4項，第19条</td></tr>
</table>

上記の表にしたがって，航法規定の要旨を列挙すると，次のとおりである。

(1) 通航方法を定めた航法規定

(1) 中央の右側を航行
- ① 浦賀水道航路（第11条第1項）
- ② 明石海峡航路（第15条）
- ③ 備讃瀬戸東航路（第16条第1項）

(2) 航路幅が十分にとれないため，できる限り航路の中央から右の部分を航行（右寄り航行）
- ① 伊良湖水道航路（第13条）
- ② 水島航路（第18条第3項）

⑶　一方通航

①　中ノ瀬航路…………北航（第 11 条第２項）

②｛宇高東航路…………北航（第 16 条第２項）
　　宇高西航路…………南航（第 16 条第３項）

③｛備讃瀬戸北航路……西航（第 18 条第１項）
　　備讃瀬戸南航路……東航（第 18 条第２項）

⑷　潮流の流向による通航の分離

①　来島海峡航路…｛順潮時中水道・逆潮時西水道航行等（第 20 条第１項）
　　転流前後の特別な航法の指示（第 20 条第３項）
　　転流時等の汽笛信号（第 21 条）

(2) 避航関係を定めた航法規定

⑴　交差している２つの航路の航行船の避航関係

①　宇高東航路・宇高西航路航行船は，備讃瀬戸東航路航行の巨大船を避航（第 17 条第１項・第３項）

②　水島航路航行船（巨大船・漁ろう船等を除く。）は，備讃瀬戸北航路航行船を避航（第 19 条第１項）

③　水島航路航行の漁ろう船等は，備讃瀬戸北航路航行の巨大船を避航（第 19 条第２項）

④　備讃瀬戸北航路航行船（巨大船を除く。）は，水島航路航行の巨大船を避航（第 19 条第３項・第５項）

⑵　航行船・停留船（巨大船を除く。）は，次に掲げる２つの航路の接続部又は交差部を変針する巨大船を避航

①　浦賀水道航路と中ノ瀬航路の接続部（第 12 条）

②　宇高東航路又は宇高西航路と備讃瀬戸東航路との交差部（第 17 条第２項・第３項）

③　水島航路と備讃瀬戸北航路との交差部又は水島航路と備讃瀬戸南航路との接続部（第 19 条第４項・第５項）

⑶「できる限り航路の中央から右の部分を航行」の伊良湖水道航路・水島航路における避航関係

①　巨大船以外の船舶は，巨大船と行き会い衝突するおそれがあるときは，巨大船を避航（第 14 条第１項・第２項，第 18 条第４項）

第11条～第12条　浦賀水道航路及び中ノ瀬航路

> **第11条**　船舶は，浦賀水道航路をこれに沿って航行するときは，同航路の中央から右の部分を航行しなければならない。
> 2　船舶は，中ノ瀬航路をこれに沿って航行するときは，北の方向に航行しなければならない。

§ 2-13　浦賀水道航路は右側航行，中ノ瀬航路は北航（第11条）

本条は，浦賀水道航路及び中ノ瀬航路の通航方法を定めたものである。

(1)　浦賀水道航路は右側航行（第1項）

第1項の規定は，分離通航方式の最も一般的な方法を採用したもので，浦賀水道航路を分離線（中央線）によって2つの通航路（lane）に分け，船舶交通を1船対1船でなく流れ対流れで右側航行する航法である。（図2·30）

◘　分離通航方式は，見合い関係のうちでも，特に危険な行会い関係などの反航状態をなくするためのものである。

航路の幅は，海交法においては1レーンにつき700メートルをとることを原則としている。それは，700メートルの幅をとれば，巨大船などの大型船も安全に通航できる，としているからである。

浦賀水道航路は，航路幅が1,400～1,750メートルで1レーンに少なくとも700メートルをとることができるので，中央線によって通航を完全に分離したものである。

この規定により，浦賀水道航路を航行している船舶は，行会い関係など危険な反航状態とならないほか，第3条（避航等）の航法により，航路を出入・横断する船舶に原則として避航してもらうことになる。

(2)　中ノ瀬航路は北航（第2項）

第2項の規定は，中ノ瀬航路（航路幅700メートル。接続部はラッパ状に広がっている。）の北航の一方通航を定めたもので，例外的な場合を除き，航路内で反航船と出会うことがない。（図2·30）

◘　この規定と第4条（航路航行義務）の規定により，図2·31に示すとおり，京浜港や千葉港，木更津港などの東京湾内の港に入港する船舶は

図 2·30　浦賀水道航路・中ノ瀬航路

中ノ瀬航路を北上し，これらの港を出港して東京湾を出る船舶は，中ノ瀬（最小水深 12 メートルの広い浅瀬）の西側海域を航行して浦賀水道航路を南下することになる。すなわち，東京湾内における航行は，中ノ瀬を中心とした反時計回りの流れに整えられている。

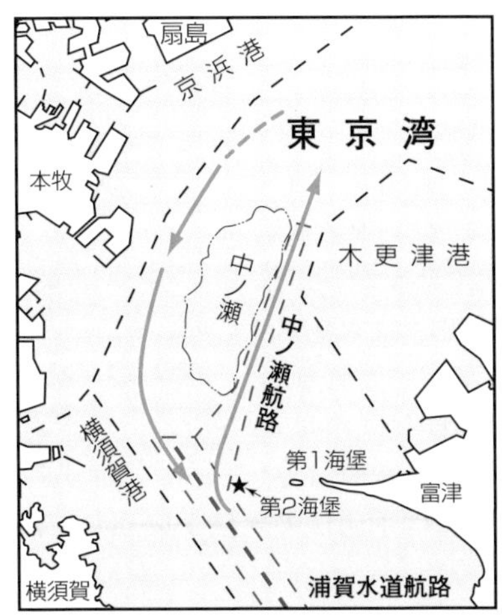

図2・31　中ノ瀬を中心とする反時計回りの船舶交通の流れ

> 第12条　航行し，又は停留している船舶（巨大船を除く。）は，浦賀水道航路をこれに沿って航行し，同航路から中ノ瀬航路に入ろうとしている巨大船と衝突するおそれがあるときは，当該巨大船の進路を避けなければならない。この場合において，第3条第1項並びに海上衝突予防法第9条第2項及び第3項，第13条第1項，第14条第1項，第15条第1項前段並びに第18条第1項（第3号及び第4号に係る部分に限る。）の規定は，当該巨大船について適用しない。
>
> 2　第3条第3項の規定は，前項の規定を適用する場合における浦賀水道航路をこれに沿って航行する巨大船について準用する。

§ 2-14　航行船・停留船（巨大船を除く。）は接続部を変針する巨大船を避航（第12条）

本条は，浦賀水道航路から中ノ瀬航路に入ろうとする巨大船がいる場合の船舶交通の安全を確保するため，航行船・停留船（巨大船を除く。）に避航義務を課すことを定めたものである。

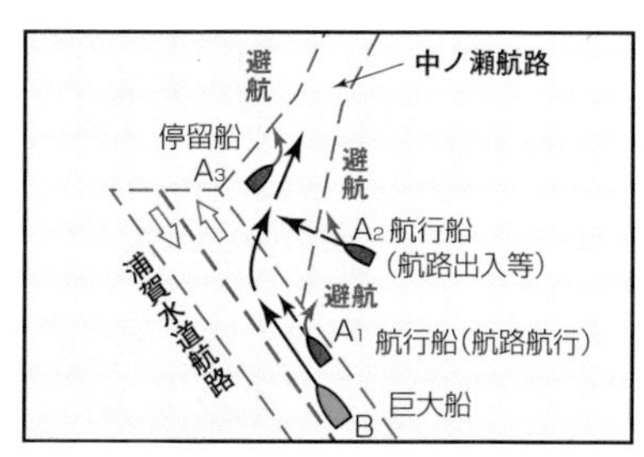

図 2·32　航行船・停留船（巨大船を除く。）は接続部を変針する巨大船を避航

(1) 航　法（第1項前段）

図2·32において，いわゆる「接続部」を変針する巨大船（B）は，浦賀水道航路を出ようとし，かつ中ノ瀬航路に入ろうとする場合であるから，第1項前段の規定がないと，巨大船は，第3条第1項の規定により，航路航行の航行船（A_1）を避航しなければならず，また航路出入等の航行船（A_2）や停留船（A_3）との間には予防法の航法が成立して避航しなければならない場合が生じることとなる。

このような可航水域の狭いところで，中ノ瀬航路に入るため変針などの動作をとろうとしている巨大船に，更に避航動作を求めるようなことは衝突予防上安全を確保できなくなるので，第1項前段の規定は，すべての航行船又は停留船（巨大船を除く。）に避航義務を課したものである。

◆　巨大船は，保持船の立場となり，避航義務から解放され，中ノ瀬航路に入るための動作（変針等）をとることに専念することができる。

◆　この規定は，「巨大船」対「巨大船」の場合の避航関係について触れていないが，これは，第23条（巨大船等に対する指示）の規定により，巨大船に対し航路航行予定時刻の変更等を指示して，巨大船同士が出会わないよう事前に調整することになっているからである。

【注】　第2節の「避航関係を定めた航法規定」において，いずれも「巨大船」対「巨大船」の避航関係を定めていないが，それは，上記と同じ理由による。

(2) 他の航法規定との優先関係（第1項後段）

第1項後段の規定により，次に掲げる海交法及び予防法の規定は，巨大船に適用されない。つまり，第1項前段の規定が，次に掲げる規定に優先する。

(1)　海交法第3条第1項（避航等―航路出入等の船舶（漁ろう船等を除く。）は航路航行船を避航）

◆　第1項前段の規定は，海交法の第3条第1項の規定にも優先するもので，一般法と特別法との関係は，法令と法令との間に存在するだけでなく，同一の法令において「規定」と「規定」との間にも存在する。

つまり，第3条第1項が一般規定で，第12条第1項が特別規定の関係となり，特別規定が一般規定に優先して適用される。（第17条第2項前段（p.69）及び第19条第4項前段（p.82）の規定も，同様である。）

(2) 予防法第9条第2項（狭い水道等における動力船と帆船の航法）

(3) 予防法第9条第3項（狭い水道等における漁ろう船と他の船舶の航法）

(4) 予防法第13条第1項（追越し船の航法）

(5) 予防法第14条第1項（行会い船の航法）

(6) 予防法第15条第1項前段（横切り船の航法）

(7) 予防法第18条第1項（第3号及び第4号に係る部分に限る。）（各種船舶間の航法—動力船と漁ろう船（第3号）及び動力船と帆船（第4号）の航法）

(3) 第3条第3項の準用（第2項）

第2項の規定は，第1項の規定における浦賀水道航路をこれに沿って航行する巨大船に第3条第3項の規定を準用することを定めたものである。

◆ 巨大船が図2･33に示すように第11条（浦賀水道航路の右側航行）の交通方法に従わない場合（例えば，航路の左の部分を航路に沿って航行している。）は，浦賀水道航路をこれに沿って航行している船舶とみなされず，第1項の規定は適用されない。

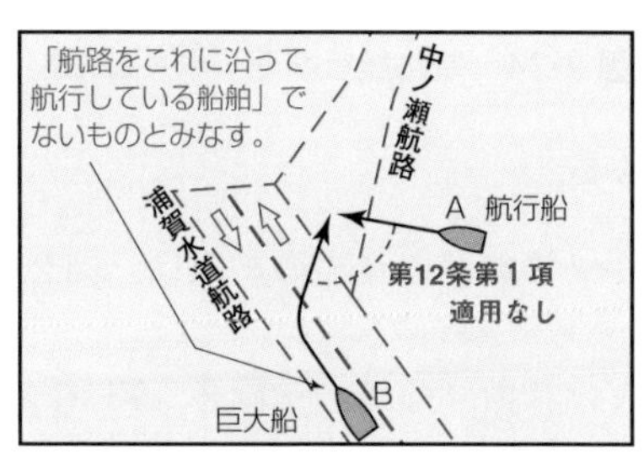

図2･33　第3条第3項の準用

§ 2-15　航路航行義務，速力の制限及び進路を知らせるための措置

(1) 航路航行義務（第4条）

浦賀水道航路の航路航行義務は，図2·13（前掲）のとおりである。

中ノ瀬航路の航路航行義務は，図2·34のとおりである。

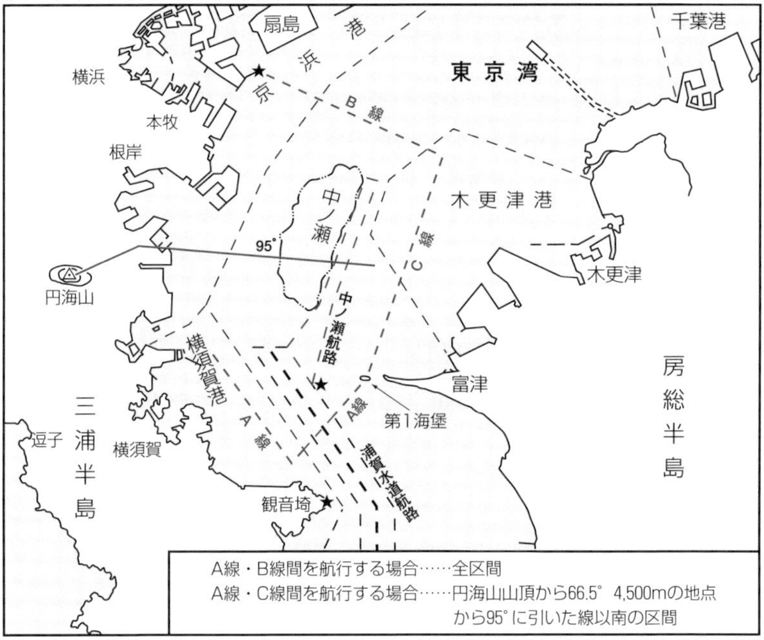

A線・B線間を航行する場合……全区間
A線・C線間を航行する場合……円海山山頂から66.5° 4,500mの地点から95°に引いた線以南の区間

図2·34　航路航行義務（中ノ瀬航路）

(2) 速力の制限（第5条）

浦賀水道航路及び中ノ瀬航路の速力の制限は，図2·16（前掲）のとおりである。

共に全区間において，横断する場合を除き，12ノットを超える速力（対水速力）で航行してはならない。

(3) 進路を知らせるための措置（第7条）

浦賀水道航路及び中ノ瀬航路の進路信号は，図2·19（前掲）及び図2·35のとおりである。AISによる送信は，§2–8(2)を参照のこと。

〔備考〕 木更津港，千葉港，京浜港などから浦賀水道航路を南航して東京湾口に向かう船舶は極めて多く，また同航路だけを北航して京浜港に向かう船舶も多いが，これらの船舶で進路信号を表示するのは，同航路を北航して北側の出入口（西端）から0度に引いた線分（図2·35）を横切る船舶だけである（第10号の信号）。

【注】 浦賀水道航路及び中ノ瀬航路には，航路の出入・横断の制限の定めはない。

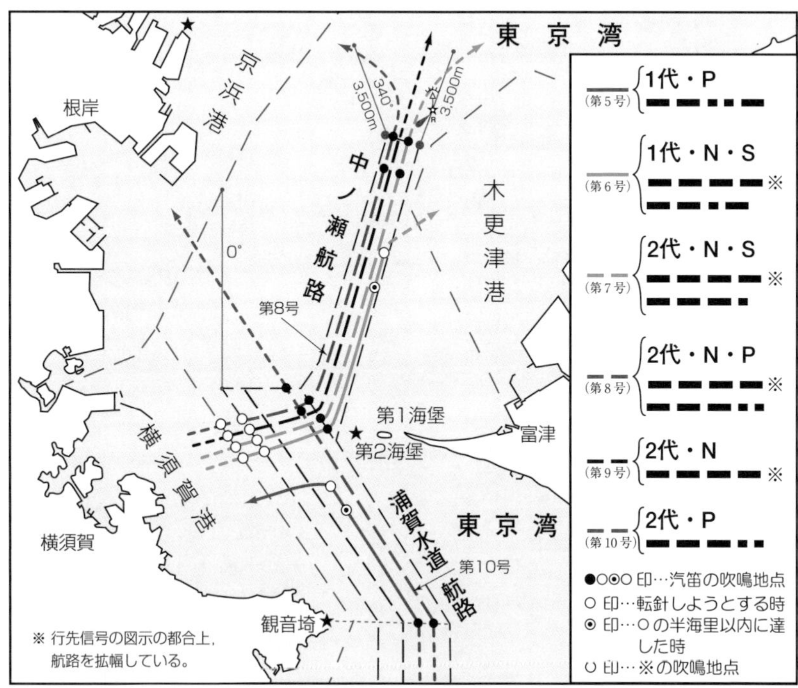

図2·35　進路信号（浦賀水道航路・中ノ瀬航路）（図2·19の4ルートの進路信号を除き，残り6ルートの進路信号を掲げた。）

第13条～第14条　伊良湖水道航路

> 第13条　船舶は，伊良湖水道航路をこれに沿って航行するときは，できる限り，同航路の中央から右の部分を航行しなければならない。

§ 2-16　伊良湖水道航路はできる限り右側航行（第13条）

本条は，伊良湖水道航路の通航方法を定めたものである。

◘　この規定は，浦賀水道航路の右側航行（第11条第1項）の場合と異なり，「できる限り中央から右の部分を航行」とあるが，これは，図2·36

図2·36　伊良湖水道航路

に示すとおり，朝日礁，丸山出シ，コズカミ礁などの浅所が存在して，航路幅は1,200メートルで十分にとれないため，巨大船や大型の船舶が中央から左側にはみ出して航行することもやむを得ない場合があり，浦賀水道航路のように中央線による完全な通航の分離をすることができないからである。

しかし，巨大船や大型の船舶であっても，できる限り右側航行するように努めなければならず，一方小型の船舶は中央から右の部分を航行できるから，いたずらに中央から左の部分にはみ出すことは許されない。

第14条　伊良湖水道航路をこれに沿って航行している船舶（巨大船を除く。）は，同航路をこれに沿って航行している巨大船と行き会う場合において衝突するおそれがあるときは，当該巨大船の進路を避けなければならない。この場合において，海上衝突予防法第9条第2項及び第3項，第14条第1項並びに第18条第1項（第3号及び第4号に係る部分に限る。）の規定は，当該巨大船について適用しない。

2　第3条第3項の規定は，前項の規定を適用する場合における伊良湖水道航路をこれに沿って航行する巨大船について準用する。

§2–17　伊良湖水道航路航行船（巨大船を除く。）は同航路で行き会う巨大船を避航（第14条）

本条は，航路幅が十分でない伊良湖（いらご）水道航路を巨大船が航行している場合に，他の船舶（巨大船を除く。）が巨大船と行き会って衝突するおそれがあるときは，巨大船を避航する義務があることについて定めたものである。

(1) 航　法（第1項前段）（図2･37）

第1項前段の規定は，伊良湖水道航路の航路幅が前記のとおり十分でないため，航路航行の巨大船は第13条によりできる限り右側航行することになるが，航路航行の反航船と衝突するおそれがあるとき，巨大船(B)に衝突回避動作を求めることは安全でないので，「巨大船以外の船舶」(A)に避航義務を課したものである。

巨大船は，保持船の立場となる。

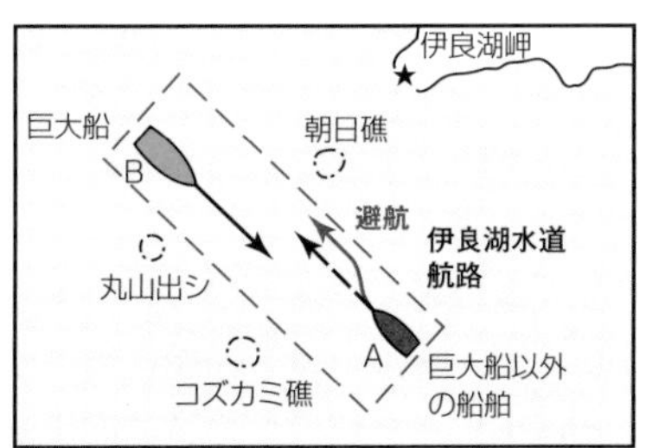

図2・37　航路航行船（巨大船を除く。）は巨大船を避航

(2) 他の航法規定との優先関係（第1項後段）

第1項後段の規定により，次に掲げる予防法の規定は，伊良湖水道航路航行の巨大船に適用されない。つまり，第1項前段の規定が，次に掲げる予防法の規定に優先する。

(1)　予防法第9条第2項（狭い水道等における動力船と帆船の航法）

(2)　予防法第9条第3項（狭い水道等における漁ろう船と他の船舶の航法）

(3)　予防法第14条第1項（行会い船の航法）

(4)　予防法第18条第1項（第3号及び第4号に係る部分に限る。）（各種船舶間の航法—動力船と漁ろう船（第3号）及び動力船と帆船（第4号）の航法）

(3) 第3条第3項の準用（第2項）

第2項の規定は，第1項の規定における伊良湖水道航路をこれに沿って航行する巨大船について，第3条第3項の規定を準用することを定めたものである。

◘　巨大船が，第13条の交通方法に従わない場合（例えば，漫然と航路の中央から左の部分を航路に沿って航行している。）は，伊良湖水道航路をこれに沿って航行している船舶とみなされず，第1項（(1)及び(2)）の規定は適用されない。

§ 2-18　伊良湖水道航路において巨大船と行き会う場合の航路外待機の指示（第10条の2）

第10条の2（航路外での待機の指示）は，伊良湖水道航路における航路外待機の指示について，次のとおり定めている。

(1) 航路外待機の指示（第10条の2・則第8条第2項）

先の第14条の規定（§ 2-17）は，伊良湖水道航路において，巨大船と巨大船以外の船舶とが行き会って衝突するおそれがある場合に，巨大船以外の船舶に避航義務を課すことを定めていた。

この規定に対して，第10条の2及び則第8条第2項の規定は，伊良湖水道航路を航行し，又は航行しようとする巨大船と長さ130メートル以上の船舶（巨大船を除く。）（以下「対象船舶」と略する。）との行会いの危険を防止するため，海上保安庁長官が必要があると認めるときは，対象船舶に対し，航路外で待機すべき旨を指示することができることを定めている。（§ 2-11の2参照）

◘　航路外待機の指示は，同航路において，これらの船舶が行き会うことが予想される場合に，次の（2）に掲げる信号の方法により行われる。（則第8条第2項）

(2) 待機指示の信号の方法（則第8条第2項）

待機指示の信号の方法について，国土交通省令（則第8条第2項）は，次の表に掲げるところにより，下記のとおり行うことを定めている。

⑴　海上保安庁長官が告示で定めるところによりVHF無線電話その他の適切な方法により行う，とともに，

⑵　同表の中欄に掲げる信号の方法により行う。

この場合において，同欄に掲げる信号の意味は，同表の右欄に掲げるとおりとする。

（則第8条第2項）

信号の方法			信号の意味
名称・位置	昼　間	夜　間	
伊良湖水道航路管制信号所（北緯34度34分50秒東経137度1分）（図2・36）	153度及び293度方向に面する信号板による。		
	Nの文字の点滅（図2・38）		伊良湖水道航路を南東の方向に航行しようとする130メートル以上の船舶（巨大船を除く。）は，航路外で待機しなければならない。
	Sの文字の点滅（図2・39）		伊良湖水道航路を北西の方向に航行しようとする130メートル以上の船舶（巨大船を除く。）は，航路外で待機しなければならない。
	NとSの文字の交互点滅（図2・40）		伊良湖水道航路を航行しようとする130メートル以上の船舶（巨大船を除く。）は，航路外で待機しなければならない。

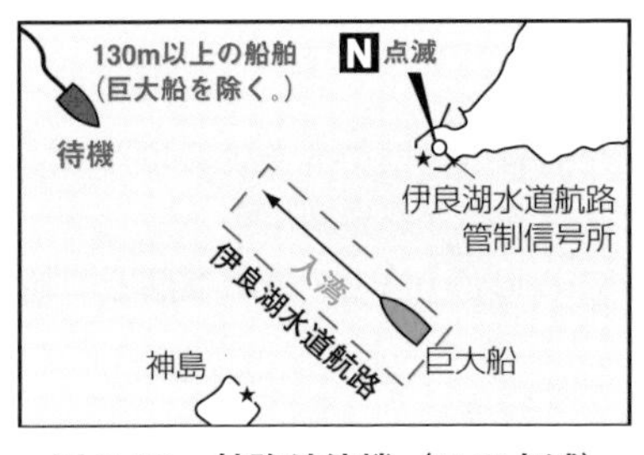

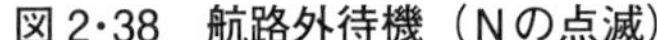
図2・38　航路外待機（Nの点滅）

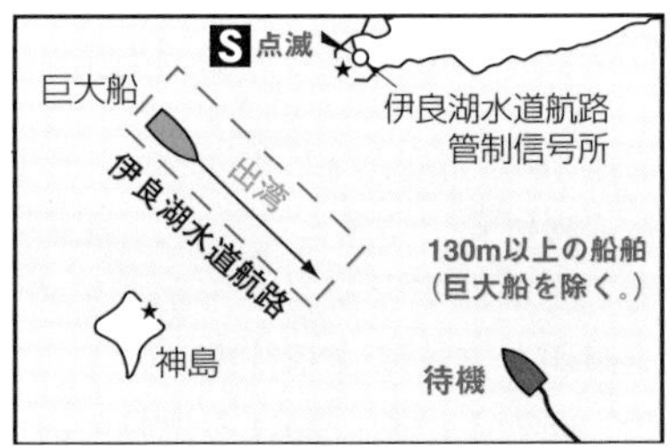

図2・39　航路外待機（Sの点滅）

◆　NとSの交互点滅の信号は，例えば，図2・40において，巨大船（A）が航路を北航中で，航路を出ると間もなく，反対方向から南航する巨大船（B）が航路を航行するから，130メートル以上の船舶（巨大船を除く。）は航路外で待機しなければならないことを意味する。

この場合の信号の切替えは，A船が航路入航の15分前ぐらいからN

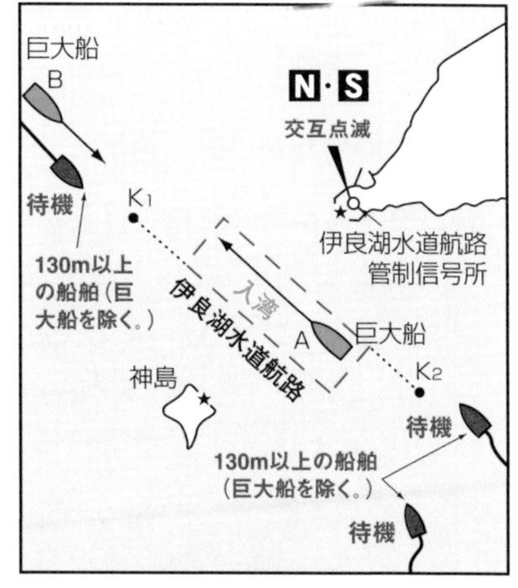

図2・40　航路外待機（N・Sの交互点滅）

の点滅を始め，航路入航から航路出航までの間はNとSの交互点滅を行い，A船が航路を出航すると，南航するB船のためのSの点滅を始め，航路を出航するとSの点滅が終わるように行われる。

【注】 信号装置の故障等の場合の信号の方法（則第8条第3項）

信号装置の故障等で，上記の信号を行うことができないときは，海上保安庁の船舶が則第8条第3項の規定による信号を行っている。

その信号及び信号を行う位置は，次のとおり（要旨）である。

⑴ 南航（出湾）する130メートル以上の船舶（巨大船を除く。）に航路外待機を指示する場合

① 信号…（昼間）第1代表旗・L旗，（夜間）RZSの発光信号

② 位置…図2・40に示すK_1の地点

⑵ 北航（入湾）する130メートル以上の船舶（巨大船を除く。）に航路外待機を指示する場合

① 信号…（昼間）第2代表旗・L旗，（夜間）RZNの発光信号

② 位置…図2・40に示すK_2の地点

⑶ 南航・北航のいかんにかかわらず，すべての130メートル以上の船舶（巨大船を除く。）に航路外待機を指示する場合

① 信号…（昼間）第3代表旗・L旗，（夜間）RZSNの発光信号

② 位置…図2・40に示すK_1及びK_2の両地点

〔備考〕 国際モールス信号の「L」は，「あなたは，すぐ停船されたい。」を，また「RZ」は，「あなたは，進行してはならない。」を意味する。

§ 2–19 航路航行義務，速力の制限及び進路を知らせるための措置

(1) 航路航行義務（第4条）

伊良湖水道航路の航路航行義務は，図2･41のとおりである。

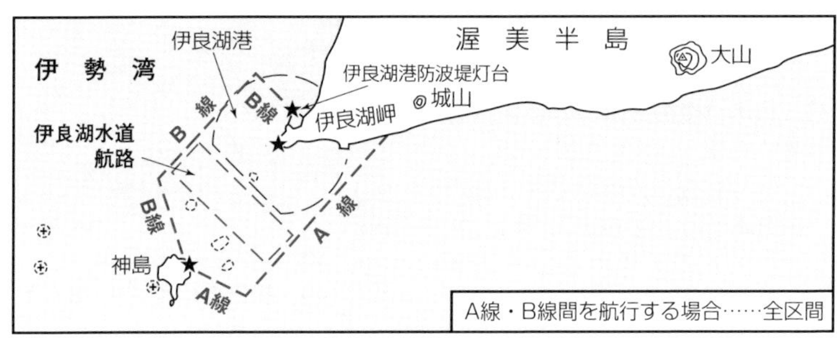

図2･41 航路航行義務（伊良湖水道航路）

(2) 速力の制限（第5条）

伊良湖水道航路の速力の制限は，全区間において，横断する場合を除き，12ノットを超える速力（対水速力）で航行してはならない。（図2･42）

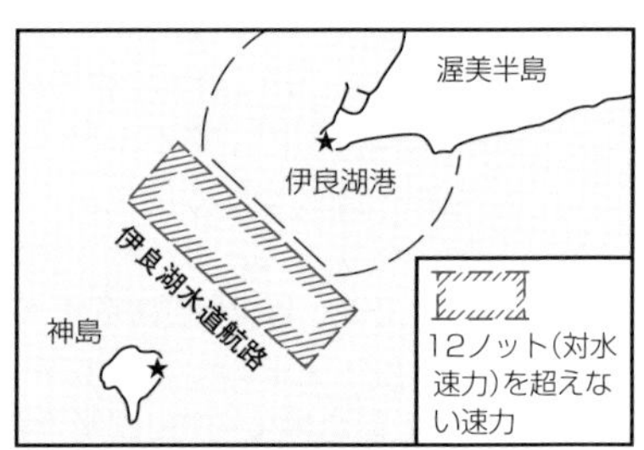

図2･42 速力の制限（伊良湖水道航路）

(3) 進路を知らせるための措置（第7条）

伊良湖水道航路の進路信号は，図2･43のとおりである。

AISによる送信は，§ 2–8(2)を参照のこと。

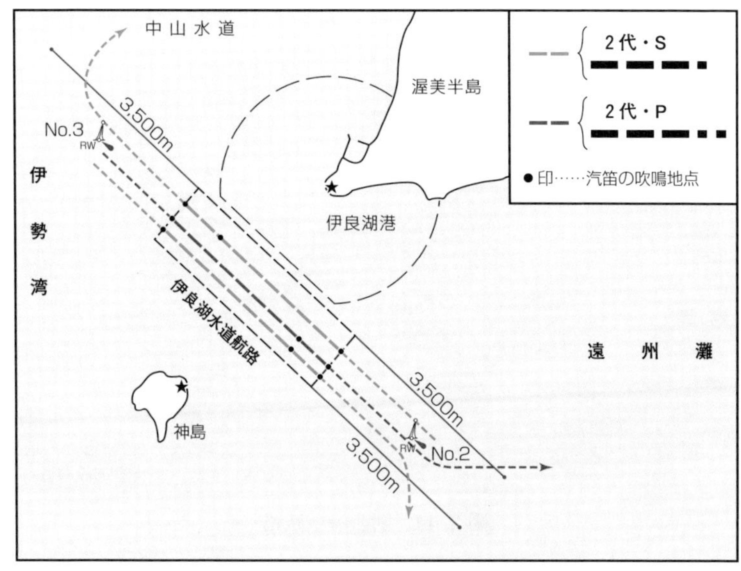

図2・43　進路信号（伊良湖水道航路）

〔備考〕 中山水道を通航する大型船のために，水深14メートルの中山水道開発保全航路が設けられている。（海図参照）

【注】 伊良湖水道航路には，航路の出入・横断の制限の定めはない。

第15条　明石海峡航路

> 第15条　船舶は，明石海峡航路をこれに沿って航行するときは，同航路の中央から右の部分を航行しなければならない。

§ 2-20　明石海峡航路は右側航行（第15条）

本条は，明石海峡航路の通航方法を定めたものである。

◘　この規定は，浦賀水道航路と同様に，明石海峡航路（航路幅1,500～1,600メートル）を分離線（中央線）により通航を完全に分離したものである。（図2・44）

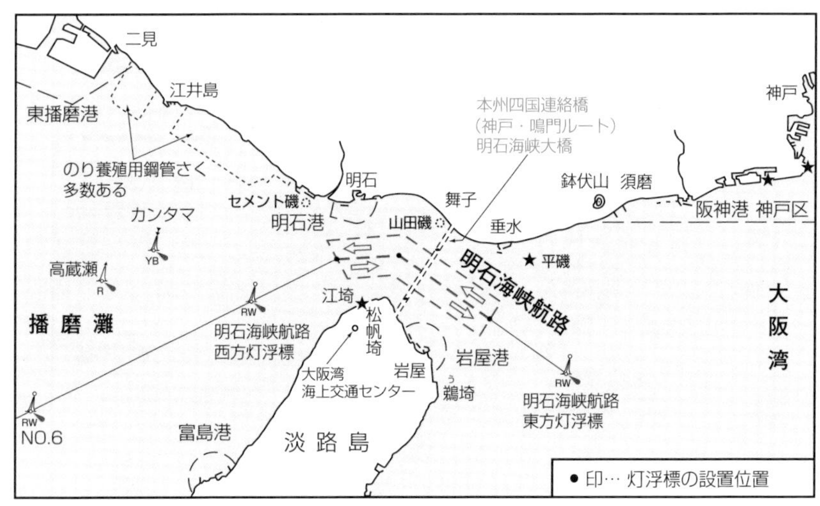

図 2･44　明石海峡航路

【注】 上図のとおり，舞子（神戸）・松帆埼（淡路島）の間に架かる明石海峡大橋は，全長3,911メートル（中央支間長1,990メートル）の世界最長の吊り橋で，平成10年4月に開通した。ちなみに，その長さは，阪神淡路大震災（平成7年1月）により，計画より1.1メートル延びたのである。

同大橋の桁下高さ（最高水面からの高さ）は，65メートルである。

§ 2–21　航路航行義務及び進路を知らせるための措置

(1) 航路航行義務（第4条）

明石海峡航路の航路航行義務は，図2･45のとおりである。

(2) 進路を知らせるための措置（第7条）

明石海峡航路の進路信号は，図2･46のとおりである。

AISによる送信は，§2–8(2)を参照のこと。

【注】 明石海峡航路には，速力の制限及び航路の出入・横断の制限の定めはない。

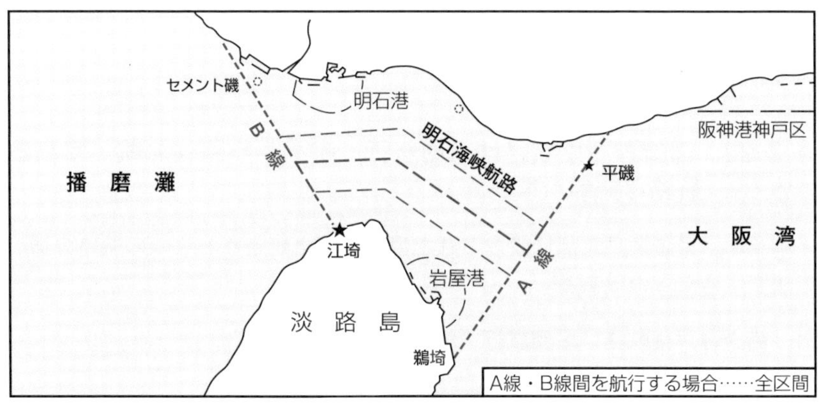

図 2・45　航路航行義務（明石海峡航路）

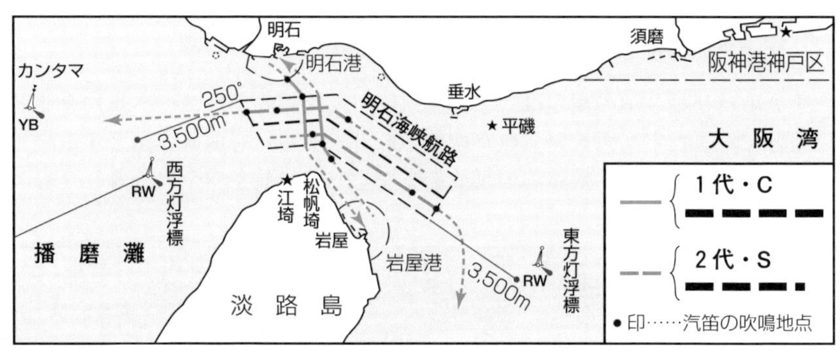

図 2・46　進路信号（明石海峡航路）

第16条～第17条　備讃瀬戸東航路，宇高東航路及び宇高西航路

> **第16条**　船舶は，備讃瀬戸東航路をこれに沿って航行するときは，同航路の中央から右の部分を航行しなければならない。
>
> 2　船舶は，宇高東航路をこれに沿って航行するときは，北の方向に航行しなければならない。

> 3　船舶は，宇高西航路をこれに沿って航行するときは，南の方向に航行しなければならない。

§ 2-22　備讃瀬戸東航路は右側航行，宇高東航路は北航，宇高西航路は南航（第16条）

本条は，備讃瀬戸東部に設けられた備讃瀬戸東航路など3つの航路の通航方法を定めたものである。

(1)　備讃瀬戸東航路は右側航行（第1項）

第1項の規定は，浦賀水道航路及び明石海峡航路と同様に，備讃瀬戸東航路（航路幅1,400メートル）を分離線（中央線）により通航を完全に分離したものである。（図2･47）

(2)　宇高東航路は北航，宇高西航路は南航（第2項・第3項）

第2項及び第3項の規定は，宇高東航路（航路幅約700メートル）を北航専用とし，また宇高西航路（航路幅約700メートル）を南航専用とする一対の一方通航を定めて，航路内の反航船をなくし，通航を完全に分離したもの

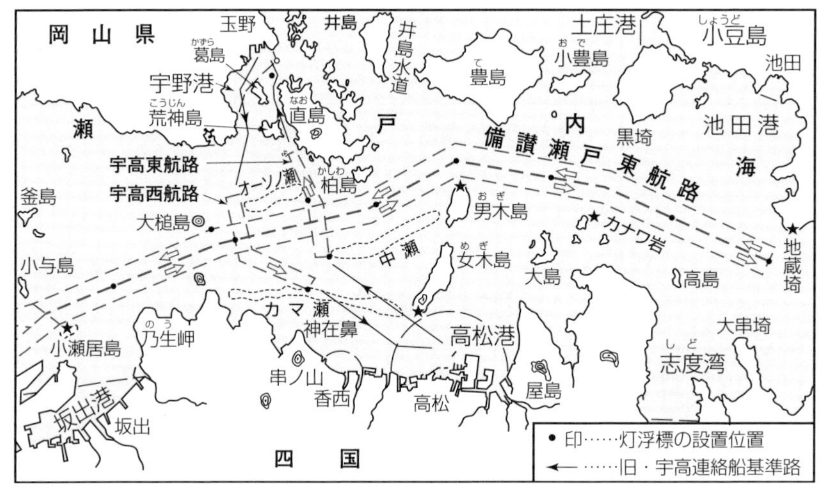

図2･47　備讃瀬戸東航路・宇高東航路・宇高西航路

である。（図2･47）

◆　このように一対の一方通航の航路を設けたのは，宇野・高松間の海域がカーフェリーなどによる南北方向の往来が激しく，かつ東西方向の航行船（備讃瀬戸東航路航行船など。）と進路が交差し，漁船の操業も盛んなところであり，また，島，浅瀬又は険礁が存在し，霧が多発するなど自然的条件の悪いところであるため，いわゆる「上り便・下り便」を浅瀬（オーソノ瀬）や島（荒神(こうじん)島，葛(かずら)島）を挟んで分離するのが安全であるからである。

両航路は，オーソノ瀬を分離帯とする形で設けられている。反航船の通航を分離する場合に，分離線より分離帯の方が安全上一段と効果的であることはいうまでもない。

【注】　瀬戸内海の水源は，関門海峡を含めて阪神港とされているが，宇高東航路及び宇高西航路については，宇野港を水源として左舷標識・右舷標識が設置されている。

なお，港，湾，河川及びこれらの接続水域は，それぞれ港奥，湾奥又は河川の上流が水源である。

第17条　宇高東航路又は宇高西航路をこれに沿って航行している船舶は，備讃瀬戸東航路をこれに沿って航行している巨大船と衝突するおそれがあるときは，当該巨大船の進路を避けなければならない。この場合において，海上衝突予防法第9条第2項及び第3項，第15条第1項前段並びに第18条第1項（第3号及び第4号に係る部分に限る。）の規定は，当該巨大船について適用しない。

2　航行し，又は停留している船舶（巨大船を除く。）は，備讃瀬戸東航路をこれに沿って航行し，同航路から北の方向に宇高東航路に入ろうとしており，又は宇高西航路をこれに沿って南の方向に航行し，同航路から備讃瀬戸東航路に入ろうとしている巨大船と衝突するおそれがあるときは，当該巨大船の進路を避けなければならない。この場合において，第3条第1項並びに海上衝突予防法第9条第2項及び第3項，第13条第1項，第14条第1項，第15条第1項前段並びに第18条第1項（第3号及び第4号に係る部分に限る。）の規定は，当該巨大船について適用しない。

> 3　第3条第3項の規定は，前二項の規定を適用する場合における備讃瀬戸東航路をこれに沿って航行する巨大船について準用する。

§ 2-23　宇高東航路・宇高西航路航行船は備讃瀬戸東航路航行の巨大船を避航（第17条第1項・第3項）

本条は，宇高東航路又は宇高西航路の航行船と備讃瀬戸東航路の航行船（巨大船）との避航関係（第1項・第3項）及びこれらの交差部を変針する巨大船がいる場合の避航関係（第2項・第3項）を定めたものである。

(1) 航　法（第1項前段）

海交法は，宇高東航路又は宇高西航路の航行船と備讃瀬戸東航路航行船との避航関係は，原則として，予防法の規定によることにしている。

第1項前段の規定は，備讃瀬戸東航路を巨大船が航行している場合の例外規定を定めたもので，図2·48に示すように，A船対B船，又はC船対D船に衝突のおそれがある場合に，宇高東航路又は宇高西航路の航行船が備讃瀬戸東航路航行の巨大船を避航することを定めている。

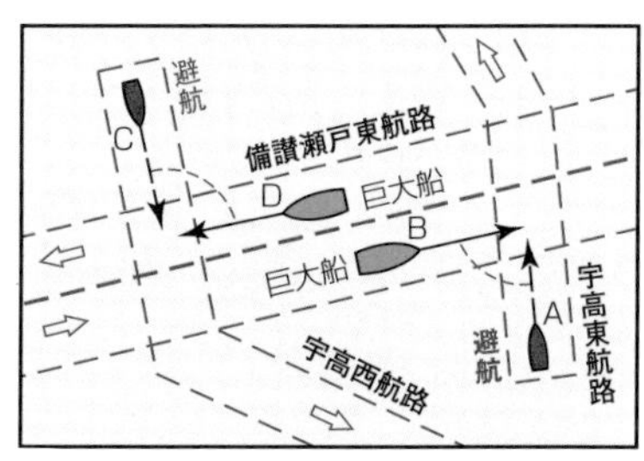

図2·48　宇高東航路・宇高西航路航行船が備讃瀬戸東航路航行の巨大船を避航

巨大船は，航路に沿って航行する保持船となる。

◆　第3条が航路航行船と航路出入等の船舶との間の避航関係を定めているのに対し，この規定は，2つの航路が交差しており両船とも航路航行船である場合の避航関係（ただし，備讃瀬戸東航路の航行船は巨大船に限る。）を定めている。

(2) 他の航法規定との優先関係（第1項後段）

第1項後段の規定により，次に掲げる予防法の規定は，備讃瀬戸東航路航行の巨大船に適用されない。つまり，第1項前段の規定が，次に掲げる予防法の規定に優先する。

(1)　予防法第9条第2項（狭い水道等における動力船と帆船の航法）

⑵　予防法第9条第3項（狭い水道等における漁ろう船と他の船舶の航法）

⑶　予防法第15条第1項前段（横切り船の航法）

⑷　予防法第18条第1項（第3号及び第4号に係る部分に限る。）（各種船舶間の航法—動力船と漁ろう船（第3号）及び動力船と帆船（第4号）の航法）

(3)　第3条第3項の準用（第3項）

第3項の規定は，第1項の規定における備讃瀬戸東航路をこれに沿って航行する巨大船に第3条第3項の規定を準用することを定めたものである。

◇　巨大船が第16条第1項の交通方法に従わない場合（例えば，備讃瀬戸東航路の中央から左の部分を航行している。）は，同航路をこれに沿って航行している船舶とみなされず，第1項（⑴及び⑵）の規定は適用されない。

§ 2-24　宇高東航路・宇高西航路航行船と備讃瀬戸東航路航行の巨大船以外の船舶との航法

海交法は，「宇高東航路又は宇高西航路の航行船」と「備讃瀬戸東航路航行の巨大船以外の船舶」との航法については定めていない。

したがって，両者の関係は，前記のとおり，予防法の規定によることになる。

◇　図2·49に示すように，動力船と動力船とが衝突するおそれがあるときは，横切り関係が成立し，他の船舶を右舷側に見る動力船（A船・C船）が避航船となる。

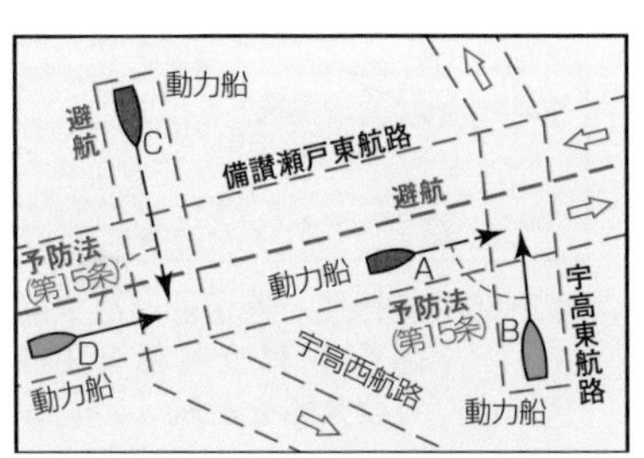

図2·49　予防法の航法規定の適用

【注】　宇高東航路又は宇高西航路航行の巨大船と備讃瀬戸東航路航行船との航法が規定されていないが，これは，現在のところ備讃瀬戸東航路を横断する形の宇高東航路又は宇高西航路を航行する巨大船が考えられないからである。

§ 2–25　航行船・停留船（巨大船を除く。）は交差部を変針する巨大船を避航（第17条第2項・第3項）

(1) 航　法（第2項前段）

第2項前段の規定は，宇高東航路又は宇高西航路と備讃瀬戸東航路との「交差部」を変針する巨大船がいる場合の船舶交通の安全を確保するため，航行船・停留船（巨大船を除く。）に避航義務を課したものである。

◘　この規定は，第12条第1項前段（航行船・停留船は浦賀水道航路から中ノ瀬航路に入る巨大船を避航）の規定と同様の航法である。（§ 2–14参照）

図2･50に示すように，巨大船以外の航行船（A_1，A_2）や停留船（A_3）が，交差部を変針する巨大船（B）を避航しなければならない。

巨大船（B）は，避航義務から解放され，宇高西航路から備讃瀬戸東航路に入るための動作をとることに専念することができる。

◘　交差部を変針する巨大船は，宇野港方面の海域を出入するもので，その航行経路は，図2･51に示すように，4つのケースがある。

【注】　高松港方面への巨大船の出入について規定していないのは，現在のところ，該当する巨大船の出入が考えられないからである。

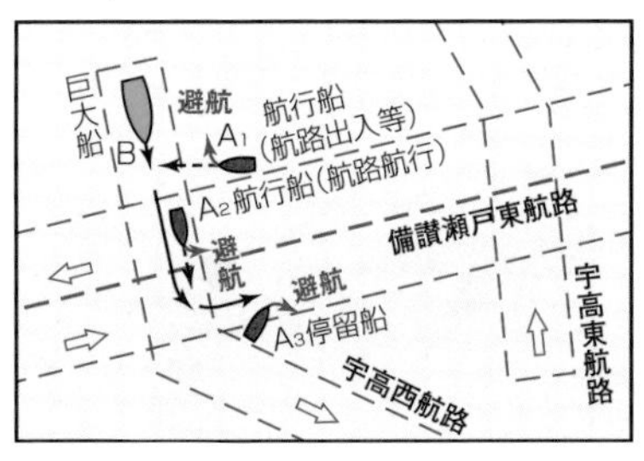

図2･50　航行船・停留船（巨大船を除く。）は交差部を変針する巨大船を避航

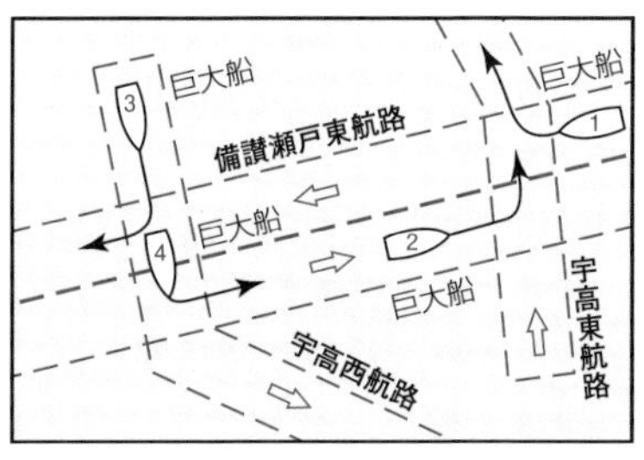

図2･51　巨大船の交差部の航行経路

(2) 他の航法規定との優先関係（第2項後段）

第2項後段の規定により，次に掲げる海交法及び予防法の規定は，第12条第1項後段の規定（§ 2–14(2)）と同様に，巨大船に適用されない。

つまり，第2項前段の規定が，次に掲げる規定に優先する。

(1) 海交法第3条第1項（避航等―航路出入等の船舶（漁ろう船等を除く。）は航路航行船を避航）
(2) 予防法第9条第2項（狭い水道等における動力船と帆船の航法）
(3) 予防法第9条第3項（狭い水道等における漁ろう船と他の船舶の航法）
(4) 予防法第13条第1項（追越し船の航法）
(5) 予防法第14条第1項（行会い船の航法）
(6) 予防法第15条第1項前段（横切り船の航法）
(7) 予防法第18条第1項（第3号及び第4号に係る部分に限る。）（各種船舶間の航法―動力船と漁ろう船（第3号）及び動力船と帆船（第4号）の航法）

(3) 第3条第3項の準用（第3項）

第3項の規定は，第2項の規定における交差部を変針する巨大船に第3条第3項の規定を準用することを定めたものである（§ 2-23(3)参照）。

§ 2-26　航路航行義務，速力の制限，進路を知らせるための措置及び航路の横断の制限

(1) 航路航行義務（第4条）

備讃瀬戸東航路，宇高東航路及び宇高西航路の航路航行義務は，図2·52のとおりである。

(2) 速力の制限（第5条）

備讃瀬戸東航路のうち，図2·53に示す区間においては，横断する場合を除き，12ノットを超える速力（対水速力）で航行してはならない。

【注】 宇高東航路及び宇高西航路には，速力の制限の定めはない。

(3) 進路を知らせるための措置（第7条）

備讃瀬戸東航路，宇高東航路及び宇高西航路の進路信号は，図2·54のとおりである。AISによる送信は，§ 2-8(2)を参照のこと。

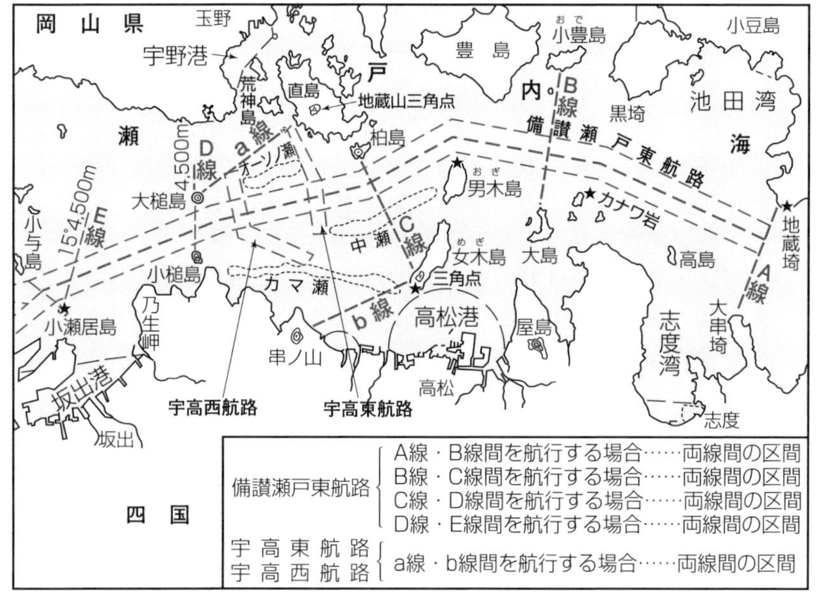

図 2·52　航路航行義務（備讃瀬戸東航路・宇高東航路・宇高西航路）

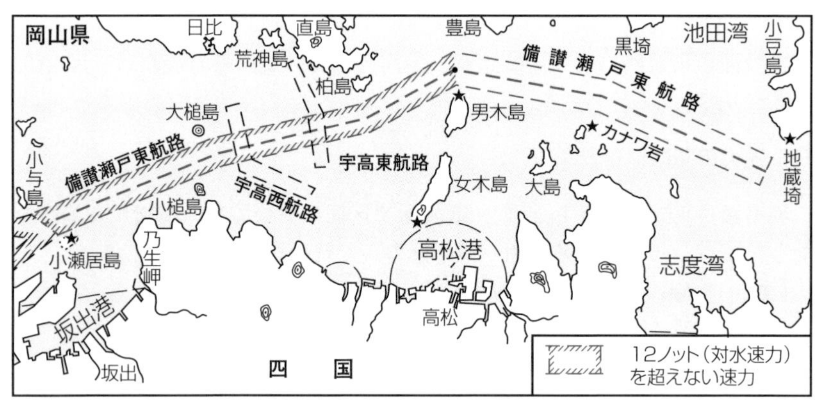

図 2·53　速力の制限（備讃瀬戸東航路）

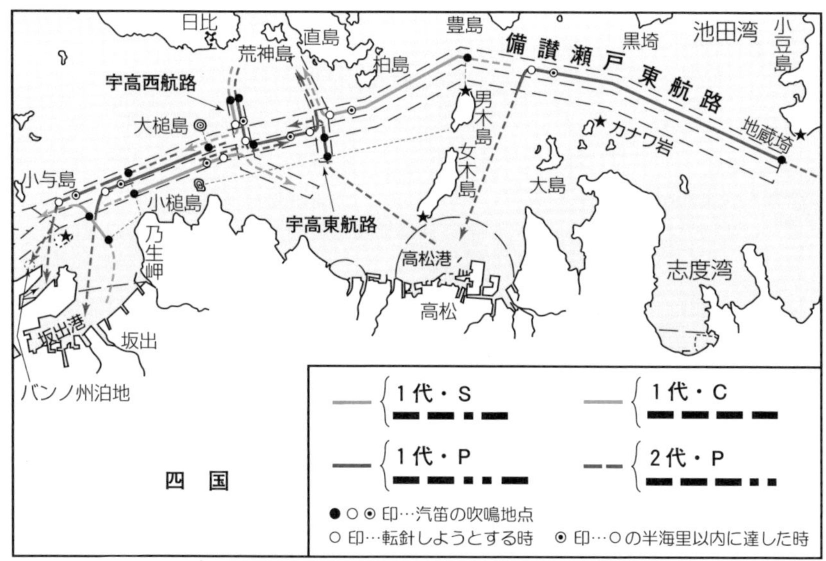

図 2･54　進路信号（備讃瀬戸東航路・宇高東航路・宇高西航路）

(4)　航路の横断の制限（第9条）

備讃瀬戸東航路のうち，図 2･27（前掲）に示す区間においては，航路を横断する航行をしてはならない。

【注】　備讃瀬戸東航路には，航路の出入の制限の定めはない。
宇高東航路及び宇高西航路には，航路の出入・横断の制限の定めはない。

第18条～第19条 備讃瀬戸北航路，備讃瀬戸南航路及び水島航路

第18条 船舶は，備讃瀬戸北航路をこれに沿って航行するときは，西の方向に航行しなければならない。

2 船舶は，備讃瀬戸南航路をこれに沿って航行するときは，東の方向に航行しなければならない。

3 船舶は，水島航路をこれに沿って航行するときは，できる限り，同航路の中央から右の部分を航行しなければならない。

4 第14条の規定は，水島航路について準用する。

§2-27 備讃瀬戸北航路は西航，備讃瀬戸南航路は東航，水島航路はできる限り右側航行（第18条第1項～第3項）

本条は，備讃瀬戸西部に設けられた備讃瀬戸北航路など3つの航路の通航方法（第1項～第3項）を定め，また，航路幅が狭い水島航路に「伊良湖水道航路の巨大船と行き会う場合の航法」（第14条）の規定と同様のもの（第4項）を定めたものである。

(1) 備讃瀬戸北航路は西航，備讃瀬戸南航路は東航（第1項・第2項）

第1項及び第2項の規定は，さきの宇高東航路及び宇高西航路がそれぞれ一方通航の一対の航路であったと同様に，牛島，高見島，二面（ふたおもて）島等を分離帯としてその北側に備讃瀬戸北航路（航路幅700メートル）を，南側に備讃瀬戸南航路（航路幅700メートル）を設け，北航路を西航専用，南航路を東航専用として航路内の反航船をなくし，通航を完全に分離したものである。(図2･55)

◆ 両航路は，図2･55に示すように，それぞれ備讃瀬戸東航路の対応する通航路に連結的に接続している。

(2) 水島航路はできる限り右側航行（第3項）

第3項の規定は，水島航路が島や浅所などの点在により航路幅を十分にとることができず，狭いところは600メートル弱しかないため，中央線による完全な通航の分離をすることができないので，伊良湖水道航路と同様に，で

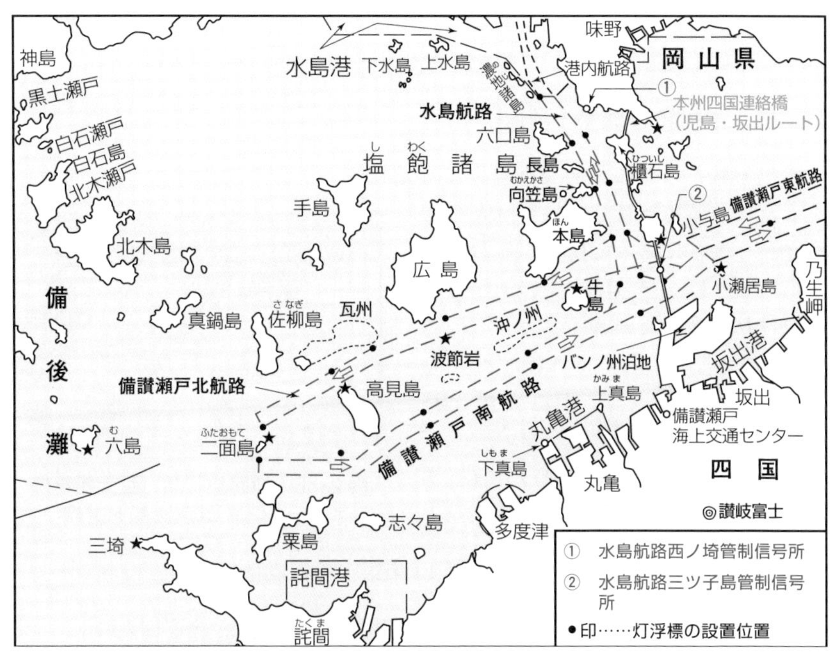

図 2･55　備讃瀬戸北航路・備讃瀬戸南航路・水島航路

きる限り右側航行することを定めたものである。（図 2･55）

◘　巨大船や大型の船舶は，伊良湖水道航路の場合と同様に，中央から左の部分にはみ出して航行することもやむを得ない場合があるわけであるが，しかし，できる限り右側航行するように努めなければならず，また，小型の船舶は中央から右の部分を航行することができるから，いたずらに中央から左の部分にはみ出すことは許されない。

【注】 水島航路は，水島港の港内航路（港則法）に連結的に接続している。

§ 2–28　水島航路航行船（巨大船を除く。）は同航路で行き会う巨大船を避航（第18条第4項）

第4項の規定は，第14条（第1項～第2項）の規定の準用を定めたものである。

水島航路は，伊良湖水道航路と同様に，できる限り右側航行することに定められているため，水島航路で巨大船と巨大船以外の船舶とが行き会って衝突するおそれがあるときに対処して，伊良湖水道航路の行き会う場合の航法（第14条第1項・第2項）の規定を準用することを定めたものである。

(1) 航　法（第14条第1項前段準用）

水島航路をこれに沿って航行している船舶（巨大船を除く。）は，同航路をこれに沿って航行している巨大船と行き会う場合において衝突するおそれがあるときは，当該巨大船の進路を避けなければならない。

◆ 図2·56に示すように，巨大船以外の船舶（A）が巨大船（B）を避航しなければならない。

巨大船は，航路に沿って航行する保持船の立場となる。

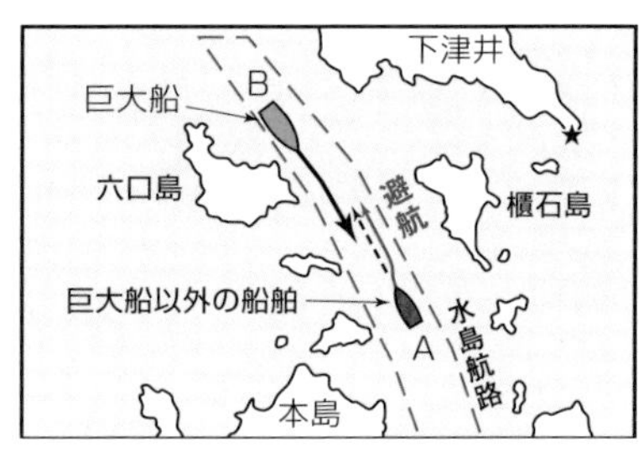

図2·56　航路航行船（巨大船を除く。）は巨大船を避航

(2) 他の航法規定との優先関係（第14条第1項後段準用）

優先関係は，伊良湖水道航路の場合と同様である。（§2–17(2)参照）

(3) 第3条第3項の準用（第14条第2項準用）

第3条第3項の準用も，伊良湖水道航路の場合と同様である。

◆ 巨大船が，第18条第3項（できる限り右側航行）の交通方法に従わない場合（例えば，漫然と航路の中央から左の部分を航路に沿って航行している。）は，水島航路をこれに沿って航行している船舶とみなされず，前記第1項（(1)及び(2)）の航法規定は適用されない。

§2–29　水島航路において巨大船と行き会う場合の航路外待機の指示（第10条の2）

第10条の2（航路外での待機の指示）は，水島航路における航路外待機の指示について，次のとおり定めている。

(1) 航路外待機の指示（第10条の2，則第8条第2項）

先の第18条第4項の規定（§2–28）による第14条の規定の水島航路への準用は，巨大船と巨大船以外の船舶とが行き会って衝突するおそれがある場合に巨大船以外の船舶に避航義務を課すことを定めていた。

この規定に対して，第 10 条の２及び則第８条第２項の規定は，水島航路を航行し，又は航行しようとする巨大船と長さ 70 メートル以上の船舶（巨大船を除く。）（以下「対象船舶」と略する。）との行会いの危険を防止するため，海上保安庁長官が必要があると認めるときは，対象船舶に対し，航路外で待機すべき旨を指示することができることを定めている。（§ 2-11 の２参照）

◇　航路外待機の指示は，同航路において，これらの船舶が行き会うことが予想される場合に，次の(2)に掲げる信号の方法により行われる。（則第８条の２）

◇　待機の対象船舶の長さは，伊良湖水道航路の場合は 130 メートル以上（巨大船を除く。）であるが，同航路に比べて水島航路は航路幅が一段と狭いため，70 メートル以上の船舶（巨大船を除く。）としたものである。

(2) 待機指示の信号の方法（則第８条第２項）

待機指示の信号の方法について，国土交通省令（則第８条第２項）は，次の表に掲げるところにより，下記のとおり行うことを定めている。

(1)　海上保安庁長官が告示で定めるところにより VHF 無線電話その他の適切な方法により行う，とともに，

(2)　同表の中欄に掲げる信号の方法により行う。

この場合において，同欄に掲げる信号の意味は，同表の右欄に掲げるとおりとする。

（則第８条第２項）

<table>
<tr><th colspan="3">信号の方法</th><th rowspan="2">信号の意味</th></tr>
<tr><th>名称・位置</th><th>昼間</th><th>夜間</th></tr>
<tr><td rowspan="3">水島航路西ノ埼管制信号所

水島航路三ツ子島管制信号所（南・北備讃瀬戸大橋の4A 橋台）
（緯度・経度 略）

（図 2･55）</td><td colspan="2">N の文字の点滅
（信号板）
（図 2･57）</td><td>水島航路を南の方向に航行しようとする 70 メートル以上の船舶（巨大船を除く。）は，航路外で待機しなければならない。
（いわゆる「北航信号」である。）</td></tr>
<tr><td colspan="2">S の文字の点滅
（信号板）
（図 2･58）</td><td>水島航路を北の方向に航行しようとする 70 メートル以上の船舶（巨大船を除く。）は，航路外で待機しなければならない。
（いわゆる「南航信号」である。）</td></tr>
<tr><td colspan="3">（信号板の方向）
西ノ埼………120 度，180 度，290 度
三ツ子島…… 55 度，115 度，225 度，300 度</td></tr>
</table>

【注】 (1) これらの信号は，水島港の「港内航路」航行船に対する航行管制（港則法）の信号（水島信号所）と連係して行われている。

(2) 信号装置の故障等で，上記の信号を行うことができないときは，伊良湖水道航路の場合（§ 2-18(2)【注】参照）と同様に，海上保安庁の船舶が施行規則第 8 条第 3 項の規定による信号を行っている。

(3) 三ツ子島レーダービーコン局が，上の表の 4A 橋台に三ツ子島管制信号所と併設されており，本船レーダーのアンテナが同局に向いたとき，レーダー映像面にモールス符号「Q」（━━•━）が現れる。その符号の内側の直前が同局の位置である。

(4) 南・北備讃瀬戸大橋の桁下高さ（最高水面からの高さ）は，65 メートルである。下津井瀬戸大橋のそれは，31 メートルである。

◆ 待機指示の信号があった場合の具体例は，図 2･57 及び図 2･58 のとおりである。

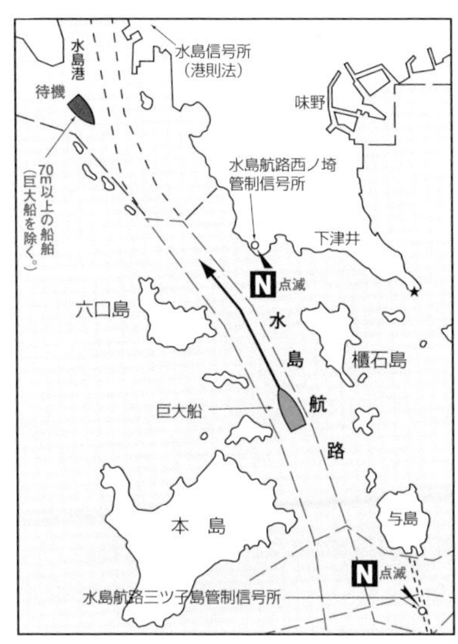

図 2・57　航路外待機（Nの点滅）

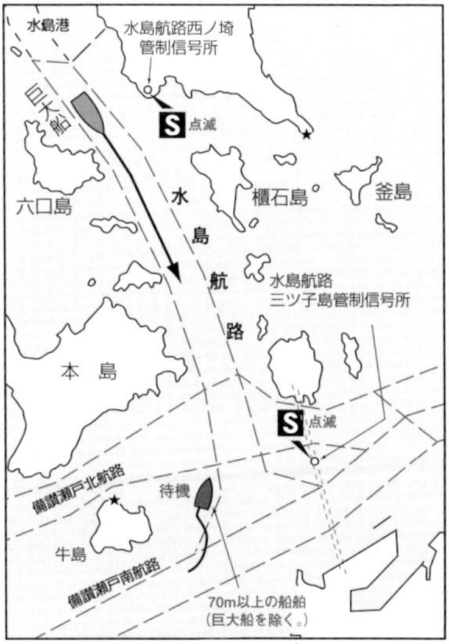

図 2・58　航路外待機（Sの点滅）

第 19 条　水島航路をこれに沿って航行している船舶（巨大船及び漁ろう船等を除く。）は，備讃瀬戸北航路をこれに沿って西の方向に航行している他の船舶と衝突するおそれがあるときは，当該他の船舶の進路を避けなければならない。この場合において，海上衝突予防法第 9 条第 2 項，第 12 条第 1 項，第 15 条第 1 項前段及び第 18 条第 1 項（第 4 号に係る部分に限る。）の規定は，当該他の船舶について適用しない。

2　水島航路をこれに沿って航行している漁ろう船等は，備讃瀬戸北航路をこれに沿って西の方向に航行している巨大船と衝突するおそれがあるときは，当該巨大船の進路を避けなければならない。この場合において，海上衝突予防法第 9 条第 2 項及び第 3 項，第 15 条第 1 項前段並びに第 18 条第 1 項（第 3 号及び第 4 号に係る部分に限る。）の規定は，当該巨大船について適用しない。

3　備讃瀬戸北航路をこれに沿って航行している船舶（巨大船を除く。）は，水島航路をこれに沿って航行している巨大船と衝突するおそれがあるときは，当該巨大船の進路を避けなければならない。この場合において，海上衝突予防法第9条第2項及び第3項，第15条第1項前段並びに第18条第1項（第3号及び第4号に係る部分に限る。）の規定は，当該巨大船について適用しない。

4 航行し，又は停留している船舶（巨大船を除く。）は，備讃瀬戸北航路をこれに沿って西の方向に若しくは備讃瀬戸南航路をこれに沿って東の方向に航行し，これらの航路から水島航路に入ろうとしており，又は水島航路をこれに沿って航行し，同航路から西の方向に備讃瀬戸北航路若しくは東の方向に備讃瀬戸南航路に入ろうとしている巨大船と衝突するおそれがあるときは，当該巨大船の進路を避けなければならない。この場合において，第3条第1項並びに海上衝突予防法第9条第2項及び第3項，第13条第1項，第14条第1項，第15条第1項前段並びに第18条第1項（第3号及び第4号に係る部分に限る。）の規定は，当該巨大船について適用しない。

5 第3条第3項の規定は，前二項の規定を適用する場合における水島航路をこれに沿って航行する巨大船について準用する。

§ 2-30 水島航路航行船（巨大船・漁ろう船等を除く。）は備讃瀬戸北航路航行船を避航（第19条第1項）

本条は，備讃瀬戸北航路航行船と水島航路航行船との避航関係（第1項～第3項・第5項）及び航路の交差部又は接続部を変針する巨大船がいる場合の避航関係（第4項・第5項）を定めたものである。

第1項の避航関係を定めた航法規定は，次のとおりである。

(1) 航 法（第1項前段）

海交法は，備讃瀬戸北航路航行船と水島航路航行船との避航関係については，原則として，備讃瀬戸北航路を主航路，水島航路を分岐航路とする考え方で定めている。

第1項前段の規定は，その原則によるもので，備讃瀬戸北航路航行船に対し，水島航路航行船に避航義務を課したものである。ただし，水島航路航行船から巨大船と漁ろう船等が除かれている。

◆ 図2·59に示すように，水島航路航行のA船（又はA′船）と，備讃瀬戸北航路航行のB船（船舶の種類に関係なく，すべての船舶。）が，衝突するおそれがある場合，A船（又はA′船）がB船を避航しなければならない。

B船は，航路に沿って航行する保持船の立場となる。

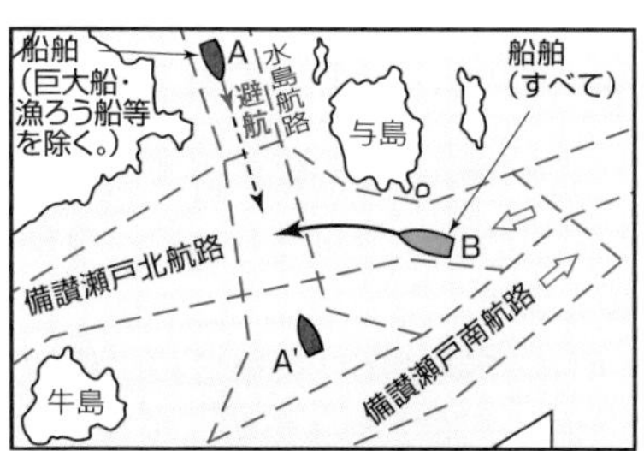

図2·59　水島航路航行船（巨大船・漁ろう船等を除く。）は北航路航行船を避航

(2) 他の航法規定との優先関係（第1項後段）

第1項後段の規定により，次に掲げる予防法の規定は，備讃瀬戸北航路航行船に適用されない。つまり，第1項前段の規定が，次に掲げる規定に優先する。

(1) 予防法第9条第2項（狭い水道等における動力船と帆船の航法）
(2) 予防法第12条第1項（帆船の航法）
(3) 予防法第15条第1項前段（横切り船の航法）
(4) 予防法第18条第1項（第4号に係る部分に限る。）（各種船舶間の航法―動力船と帆船の航法）

§ 2-31　水島航路航行の漁ろう船等は備讃瀬戸北航路航行の巨大船を避航（第19条第2項）

(1) 航　法（第2項前段）

第2項前段の規定は，第1項前段の規定で水島航路航行船から除かれている「巨大船」と「漁ろう船等」のうち，まず「漁ろう船等」について，同船は備讃瀬戸北航路航行船のうち巨大船に対しては避航しなければならないことを定めたものである。（図2·60）

巨大船は，航路に沿って航行する保持船の立場となる。

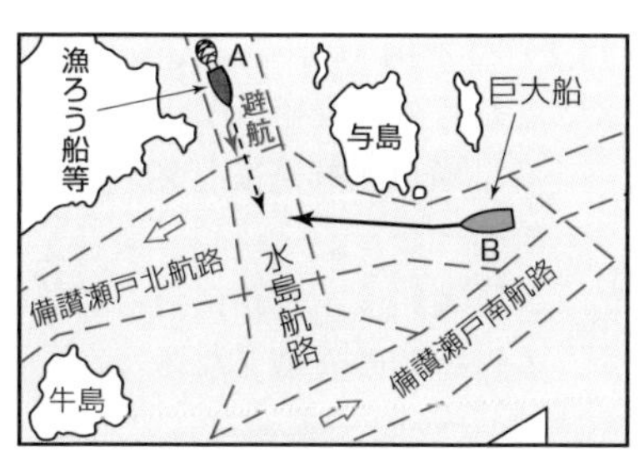

図2·60　水島航路航行の漁ろう船等は北航路航行の巨大船を避航

【注】 水島航路航行の「巨大船」については，次の第3項に規定されている。

(2) 他の航法規定との優先関係（第2項後段）

第2項後段の規定により，次に掲げる予防法の規定は，備讃瀬戸北航路航行の巨大船に適用されない。つまり，第2項前段の規定が次に掲げる規定に優先する。

(1) 予防法第9条第2項（狭い水道等における動力船と帆船の航法）
(2) 予防法第9条第3項（狭い水道等における漁ろう船と他の船舶の航法）
(3) 予防法第15条第1項前段（横切り船の航法）
(4) 予防法第18条第1項（第3号及び第4号に係る部分に限る。）（各種船舶間の航法—動力船と漁ろう船（第3号）及び動力船と帆船（第4号）の航法）

§ 2-32 備讃瀬戸北航路航行船（巨大船を除く。）は水島航路航行の巨大船を避航（第19条第3項・第5項）

(1) 航　法（第3項前段）

第3項前段の規定は，第1項前段の規定で水島航路航行船から除かれている「巨大船」については，備讃瀬戸北航路航行船（巨大船を除く。）が水島航路航行の巨大船を避航しなければならないことを定めたものである。

◆ 図2･61に示すように，水島航路航行の巨大船（B）に対しては，備讃瀬戸北航路航行船（A）が避航船となる。

巨大船は，航路に沿って航行する保持船の立場となる。

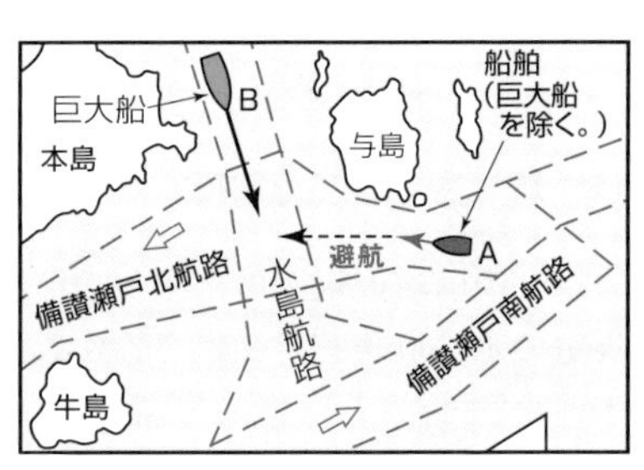

図2･61　北航路航行船（巨大船を除く。）は水島航路航行の巨大船を避航

(2) 他の航法規定との優先関係（第3項後段）

第3項後段の規定により，次に掲げる予防法の規定は，水島航路航行の巨大船に適用されない。つまり，第3項前段の規定が，次に掲げる規定に優先する。

(1)　予防法第9条第2項（狭い水道等における動力船と帆船の航法）
(2)　予防法第9条第3項（狭い水道等における漁ろう船と他の船舶の航法）
(3)　予防法第15条第1項前段（横切り船の航法）
(4)　予防法第18条第1項（第3号及び第4号に係る部分に限る。）（各種船舶間の航法―動力船と漁ろう船（第3号）及び動力船と帆船（第4号）の航法）

(3) 第3条第3項の準用（第5項）

第5項の規定は，第3項の規定における水島航路をこれに沿って航行する巨大船に第3条第3項の規定を準用することを定めたものである。

◆　水島航路航行の巨大船が，第18条第3項の規定による交通方法に従わない場合（例えば，漫然と航路の中央から左の部分を航路に沿って航行している。）は，同航路をこれに沿って航行している船舶とみなされず，本条第3項（(1)及び(2)）の規定は適用されない。

§ 2-33　水島航路航行の漁ろう船等と備讃瀬戸北航路航行の巨大船以外の船舶との航法

海交法は，「水島航路航行の漁ろう船等」と「備讃瀬戸北航路航行の巨大船以外の船舶」との航法については，定めていない。

したがって，両者の関係は，予防法の規定によることになる。（図2･62）

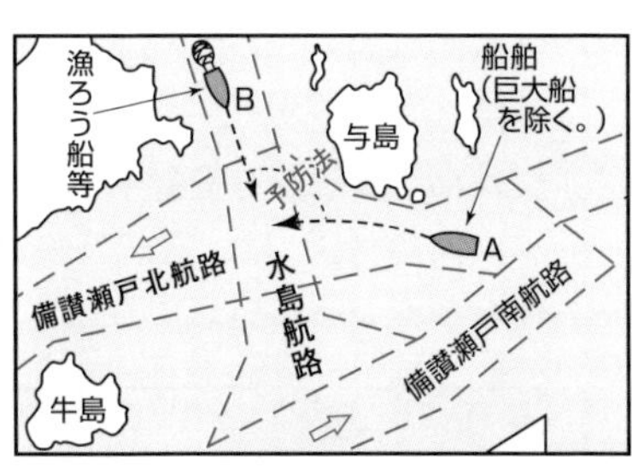

図2･62　水島航路航行の漁ろう船等と北航路航行船（巨大船を除く。）との避航

◆　「漁ろう船等」には，「漁ろうに従事している船舶」と「工事作業船」とがあるが，予防法の適用については，§2-4(1)で述べたとおりである。

具体例

水島航路航行の「漁ろうに従事している船舶」と備讃瀬戸北航路航行の「巨大船以外の一般船舶」（漁ろう船等でないとする。）との航法は，予防法の規定による。すなわち，次のようになる。

① 巨大船以外の一般船舶が予防法第9条第3項本文（又は第18条第1項若しくは第2項）の規定によることができる場合は，漁ろうに従事している船舶を避航しなければならない。

漁ろうに従事している船舶は，保持船となる。

② しかし，同法第9条第3項ただし書規定に「漁ろうに従事している船舶が狭い水道又は航路筋の内側を航行している他の船舶の通航を妨げることができることとするものではない。」と規定しているとおり，これに該当する場合には，漁ろうに従事している船舶は，巨大船以外の一般船舶の通航を妨げない動作をとらなければならない。

§2–34　航行船・停留船（巨大船を除く。）は交差部・接続部を変針する巨大船を避航（第19条第4項・第5項）

(1) 航　法（第4項前段）

第4項前段の規定は，航路の「交差部」又は「接続部」を変針する巨大船がいる場合の船舶交通の安全を確保するため，航行船・停留船（巨大船を除く。）に避航義務を課したものである。

◆ この規定は，第12条第1項前段及び第17条第2項前段の規定と同様の航法である。（§2–14，§2–25参照）

図2･63に示すように，巨大船以外の航行船（A_1）や停留船（A_2）が，交差部・接続部を変針する巨大船（B）を避航しなければならない。

巨大船（B）は，避航義務から解放され，新しい航路に入るための動作をとることに専念することができる。

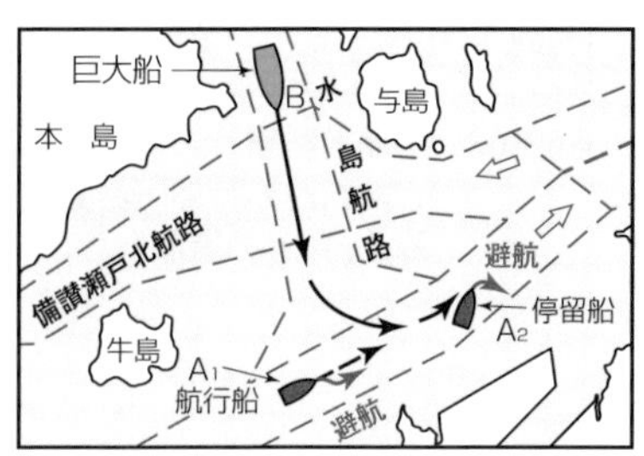

図2･63　航行船・停留船（巨大船を除く。）は交差部・接続部を変針する巨大船を避航

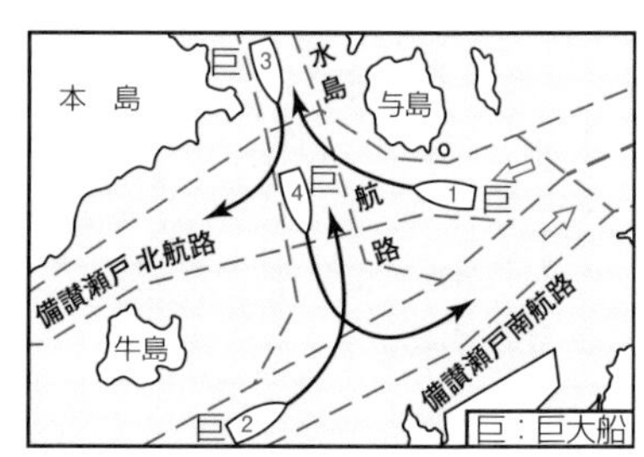

図2･64　巨大船の交差部・接続部の航行経路

◆　交差部・接続部を変針する巨大船の航行経路は，図2･64に示すように4つのケースがある。

(2) 他の航法規定との優先関係（第4項後段）

第4項後段の規定により，次に掲げる海交法及び予防法の規定は，第12条第1項（§2-14(2)）及び第17条第2項（§2-25(2)）の場合と同様に，巨大船に適用されない。

つまり，第4項前段の規定が，次に掲げる規定に優先する。

(1)　海交法第3条第1項（避航等―航路出入等の船舶（漁ろう船等を除く。）は航路航行船を避航）

◆　第12条第1項前段の規定の場合の優先関係と同じである。（§2-14(2)参照）

(2)　予防法第9条第2項（狭い水道等における動力船と帆船の航法）

(3)　予防法第9条第3項（狭い水道等における漁ろう船と他の船舶の航法）

(4)　予防法第13条第1項（追越し船の航法）

(5)　予防法第14条第1項（行会い船の航法）

(6)　予防法第15条第1項前段（横切り船の航法）

(7)　予防法第18条第1項（第3号及び第4号に係る部分に限る。）（各種船舶間の航法―動力船と漁ろう船（第3号）及び動力船と帆船（第4号）の航法）

(3) 第3条第3項の準用（第5項）

（略）（§2-32(3)参照）

§2-35　水島航路と備讃瀬戸南航路との接続部における航法

水島航路と備讃瀬戸南航路との接続部における避航関係について，第19条の規定は，第4項で接続部を変針する巨大船を避航する航法を規定しているほかは，なにも規定していない。

これは，1つの航路から他の航路に入ろうとする船舶，同南航路を東航する船舶などとの相互間に衝突のおそれがある場合の航法については，海交法第3条又は予防法の規定によることにしているからである。

◆ 具体例は，次のとおりである。

(1) 図2･65において，水島航路を南航し東の方向に備讃瀬戸南航路に入ろうとする巨大船でない動力船（A）と同南航路を東航する動力船（B）との間に衝突のおそれがある場合は，海交法第3条第1項の規定により，A船がB船を避航する。

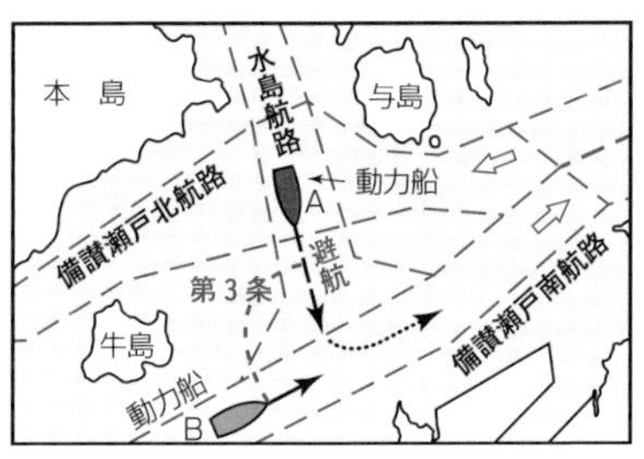

図2･65　海交法第3条の適用

(2) 図2･66において，水島航路を南航し東の方向に備讃瀬戸南航路に入ろうとする巨大船でない動力船（A）と同航路を東航し水島航路に入ろうとする巨大船でない動力船（B）との間に衝突のおそれがある場合は，いずれも航路を出入する船舶で海交法にはこの場合に適用する規定がないから，予防法第15条第1項前段の規定により，他の船舶を右舷側に見るA船がB船を避航する。

図2･66　予防法の航法の適用

§ 2-36　航路航行義務，速力の制限及び進路を知らせるための措置

(1) 航路航行義務（第4条）

備讃瀬戸北航路，備讃瀬戸南航路及び水島航路の航路航行義務は，図2·67のとおりである。

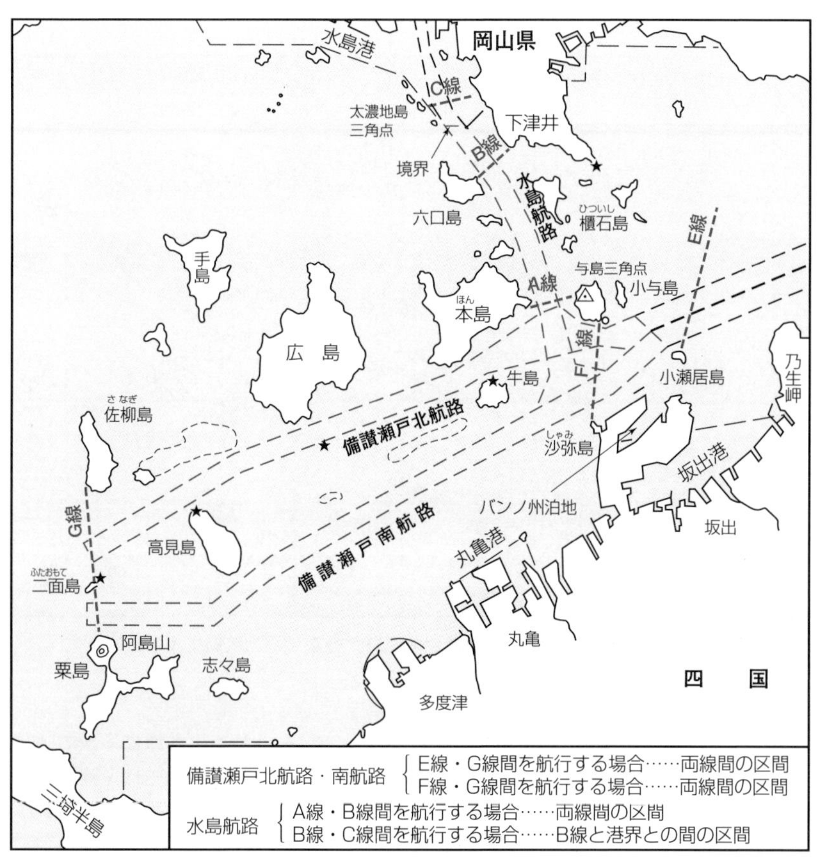

図2·67　航路航行義務（備讃瀬戸北航路・備讃瀬戸南航路・水島航路）

(2) 速力の制限（第5条）

備讃瀬戸北航路及び備讃瀬戸南航路の速力の制限は，図2･68に示す区間において，横断する場合を除き，12ノットを超える速力（対水速力）で航行してはならない。

水島航路の速力の制限は，全区間において，横断する場合を除き，12ノットを超える速力（対水速力）で航行してはならない。

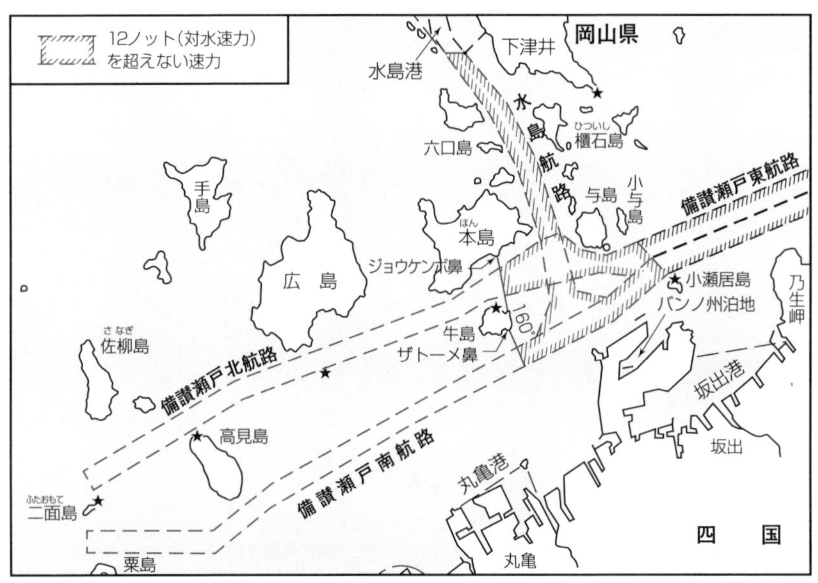

図2･68　速力の制限（備讃瀬戸北航路・備讃瀬戸南航路・水島航路）

【注】 橋梁下の通航について

児島・坂出間の本州四国連絡橋（図2･55）をはじめ，各地に多数の連絡橋が建設されているが，その橋梁下を通航しようとする船舶は，遠距離から適切な見張り（予防法第5条）を行い，前広に橋梁標識（p.111【注】(2)参照）や橋脚を確かめて自船の通航すべき水路を判断し，また前路の他の船舶の動向に十分に注意することが大事である。

(3) 進路を知らせるための措置（第7条）

備讃瀬戸北航路，備讃瀬戸南航路及び水島航路の進路信号は，図2·69のとおりである。AISによる送信は，§2-8(2)を参照のこと。

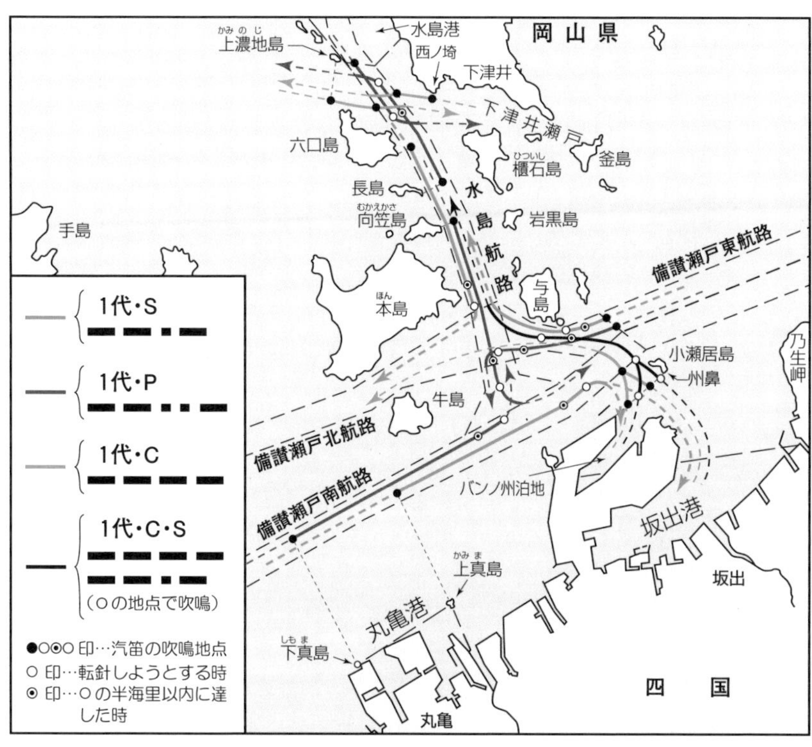

図2·69　進路信号（備讃瀬戸北航路・備讃瀬戸南航路・水島航路）

【注】 備讃瀬戸北航路，備讃瀬戸南航路及び水島航路には，航路の出入・横断の制限の定めはない。

第20条～第21条　来島海峡航路

第20条　船舶は，来島海峡航路をこれに沿って航行するときは，次に掲げる航法によらなければならない。この場合において，これらの航法によって航行している船舶については，海上衝突予防法第9条第1項の規定は，適用しない。

(1)　順潮の場合は来島海峡中水道（以下「中水道」という。）を，逆潮の場合は来島海峡西水道（以下「西水道」という。）を航行すること。ただし，これらの水道を航行している間に転流があった場合は，引き続き当該水道を航行することができることとし，また，西水道を航行して小島と波止浜との間の水道へ出ようとする船舶又は同水道から来島海峡航路に入って西水道を航行しようとする船舶は，順潮の場合であっても，西水道を航行することができることとする。

(2)　順潮の場合は，できる限り大島及び大下島側に近寄って航行すること。

(3)　逆潮の場合は，できる限り四国側に近寄って航行すること。

(4)　前二号の規定にかかわらず，西水道を航行して小島と波止浜との間の水道へ出ようとする場合又は同水道から来島海峡航路に入って西水道を航行しようとする場合は，その他の船舶の四国側を航行すること。

(5)　逆潮の場合は，国土交通省令で定める速力以上の速力で航行すること。

2　前項第1号から第3号まで及び第5号の潮流の流向は，国土交通省令で定めるところにより海上保安庁長官が信号により示す流向による。

3　海上保安庁長官は，来島海峡航路において転流すると予想され，又は転流があった場合において，同航路を第1項の規定による航法により航行することが，船舶交通の状況により，船舶交通の危険を生ずるおそれがあると認めるときは，同航路をこれに沿って航行し，又は航行しようとする船舶に対し，同項の規定による航法と異なる航法を指示することができる。この場合において，当該指示された航法によって航行している船舶については，海上衝突予防法第9条第1項の規定は，適用しない。

4　来島海峡航路をこれに沿って航行しようとする船舶の船長（船長以外の者が船長に代わってその職務を行うべきときは，その者。以下同じ。）は，国土交通省令で定めるところにより，当該船舶の名称その他の国土交通省令で定める事項を海上保安庁長官に通報しなければならない。

§ 2-37　来島海峡は瀬戸内最大の航海の難所

来島海峡は，古来瀬戸内（せとうち）最大の航海の難所である。

それは，単に狭い水道でなく，①潮流が極めて激しい，②島によって，更に4つの水道（東水道，中水道，西水道及び小島（おしま）・波止浜（はしはま）間の水道）に分かれている，③水道は屈曲して見通しが悪い，④船舶交通が集中する，⑤険礁や浅瀬が点存する，⑥霧の発生でしばしば狭視界となるなど，多くの航行上の悪条件が重なっているからである。

第20条及び第21条は，これらの悪条件に対処して，同海峡の船舶交通の安全を確保するため，来島海峡航路を設け，やや複雑であるが，多くの重要な航法，信号等に関する規定を定めたものである。

それらの規定のポイントを列挙すると，次のとおりである。

⑴　第20条第1項　順潮時中水道・逆潮時西水道航行を柱とする航法など5つの航法（§ 2-37の2）
⑵　第20条第2項　潮流の流向（§ 2-38）
⑶　第20条第3項　転流前後における危険防止のための特別な航法の指示（§ 2-38の2）
⑷　第20条第4項　航路入航前における船名等の通報（§ 2-38の3）
⑸　第21条第1項　来島海峡航路の信号（長音1回など）（§ 2-40）
⑹　第21条第2項　来島海峡航路の信号（わん曲部信号などの適用除外）（§ 2-40）

§ 2-37の2　順潮時中水道・逆潮時西水道航行を柱とする航法など5つの航法（第20条第1項）

第20条第1項は，船舶が来島海峡航路をこれに沿って航行するときは，次に掲げる⑴～⑸の航法によらなければならないことを定めている。

この場合において，これらの航法によっている船舶は，予防法第9条第1

項（狭い水道等（狭い水道又は航路筋）の右側端航行）の規定は，適用しないと定めている。

◆　この適用除外を定めたのは，同規定では航海の難所である来島海峡航路における船舶交通の安全を確保することができないからである。

(1) 順潮時中水道・逆潮時西水道を柱とする航法（第1項第1号）

1. 順中・逆西の航法（第1号本文）

順潮の場合は中水道航行・逆潮の場合は西水道航行の航法は，図2･70に示すとおり，馬島を分離帯とする形で，次のとおり航行しなければならない。

(1) 南流（上げ潮流）の場合
- 東航船（順潮）……中水道
- 西航船（逆潮）……西水道

(2) 北流（下げ潮流）の場合
- 東航船（逆潮）……西水道
- 西航船（順潮）……中水道

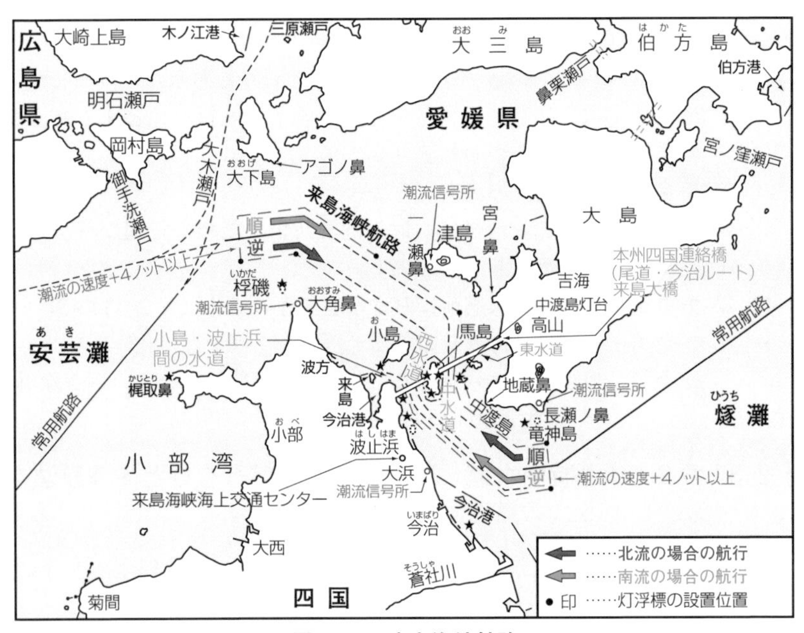

図2･70　来島海峡航路

【注】　南流とは，南の方向に流れる潮流で，来島海峡では安芸灘から燧灘の方向へ流れる潮流であり，また北流とは，この逆の方向に流れる潮流である。

ちなみに，風の場合は，南風とは，南の方向から吹いてくる風である。

2.　順中・逆西の例外規定（第1号ただし書）

⑴　転流時の航行（ただし書前段）

中水道又は西水道を航行中に転流があった場合は，引き続きその水道を航行することができる。

◆　この前段規定により引き続きその水道を航行している船舶は，転流直後に同水道に入って来る反航船と出会うこともあり得るので，そのことに十分注意しなければならない。

◆　特に，大型船は，転流予想時に通航することとならないように慎重に運航するべきである。

なお，この場合には，一定の大きさの船舶に対し，海上保安庁長官は第3項の規定により，危険防止のため，特別な航法を指示することができると定められている。（後述）

⑵　西水道の順潮時航行（ただし書後段）

西水道から小島・波止浜間の水道へ出る船舶又は同水道から来島海峡航路に入って西水道を航行する船舶は，順潮の場合であっても，西水道を航行することができる。

◆　この例外規定を設けたのは，西水道航行を本文規定の逆潮のみとすると，例えば，北流時に阪神方面から波止浜に向かう船舶は，一旦中水道を北上（順潮）し，馬島を回る態勢で反転して西水道を南下（逆潮）して小島・波止浜間の水道へ向かうことになり，①実状に適さない不便なもの（遠回り）となるだけでなく，②他の船舶と危険な見合いが生じやすい。また③小島・波止浜間の水道を経由する船舶は一般に小型船であるため，順潮時の西水道の航行を認めても，第1項第4号及び第3項の規定（航行経路）により，逆潮航行船との危険な見合いの発生を防ぐことができるからである。

(2)　順潮の場合の航行経路（第1項第2号）

順潮の場合は，できる限り大島及び大下島側に近寄って航行しなければならない。

(3) 逆潮の場合の航行経路（第1項第3号）

逆潮の場合は，できる限り四国側に近寄って航行しなければならない。

◇　第2号及び第3号の規定を設けたのは，東航船と西航船とは，来島海峡航路においては，第1号の規定により流向によって左舷対左舷又は右舷対右舷で航過することになるので，航路航行中はこの関係を互いに明確に示し，かつ，安全な距離を保って反航し合えるようにするためである。

◇　中水道又は西水道を航行中に転流があった場合は，引き続き当該水道を航行することができるが，通過後は，四囲の状況を確かめたうえで，できる限り速やかに新しい航行経路に就かなければならない。

(4) 西水道と小島・波止浜間の水道を出入する船舶の航行経路（第1項第4号）

前二号（第2号及び第3号）の規定にかかわらず，①西水道を航行して小島・波止浜間の水道へ出ようとする場合又は②逆に小島・波止浜間の水道から来島海峡航路に入って西水道を航行しようとする場合は，その他の船舶の四国側を航行しなければならない。

◇　「その他の船舶」とは，逆潮時において西水道を航行する一般の船舶である。

◇　上記①及び②の船舶は，順中逆西の原則にかかわらず西水道を航行できるが，「その他の船舶よりもさらに四国側」を航行することによって，「その他の船舶」との横切り関係や反航時における危険な見合いの発生を防ぐことができるのである。

◇　上記①及び②の船舶が西水道において東航し又は西航して反航し合う場合においても，「その他の船舶の四国側」の海域を航行しなければならない。

(5) 逆潮の場合の最低速力の保持（第1項第5号）

逆潮の場合は，国土交通省令で定める速力以上の速力で航行しなければならない。

◇　「国土交通省令で定める速力」とは，潮流の速度に4ノットを加えた速力である。（則第9条第1項）したがって，逆潮の場合は，「潮流の速度＋4ノット」以上の速力で航行しなければならない。

◆　逆潮の場合に，船舶が低速力で航行すると，狭い水道を閉塞して船舶交通を阻害したり，押し流されて浅瀬や暗礁に乗り揚げるなどのおそれがあるので，当然のことながら，逆潮に対して最低速力を保持することを定めたものである。

〔備考〕(1)　船舶は，逆潮の場合に上記の速力を保持できないときは，第10条の2（航路外での待機の指示）の規定により，航路外待機を指示されることがある。（§ 2-11の2参照）

(2)　来島海峡航路においては，第6条の2（追越しの禁止）の規定により，追越し禁止の区間が設けられ，原則として追い越してはならない旨が定められている。（§ 2-7の2参照）

【注】　瀬戸内海の潮流

瀬戸内海の潮汐は，友ヶ島水道及び豊後（ぶんご）水道からの潮浪によって支配される。

潮浪に伴う潮流（主航路付近の流向）の大要は，図2·71に示すとおりで，上げ潮流の場合は，紀伊水道・友ヶ島水道から入るものは，大阪湾・明石海峡を通過して，播磨灘・備讃瀬戸へと西進する。

一方，豊後水道から入るものは，2派に分かれ，1つは周防（すおう）灘を西進して関門海峡に至り，他は伊予灘・安芸灘を東進し，来島海峡では地形上南進して燧灘・備後（びんご）灘に至る。

燧灘・備後灘は，紀伊水道及び豊後水道から来る潮浪に伴う潮流（上げ潮流）が東・西から来て相会し，また，東・西に分流（下げ潮流）するところである。

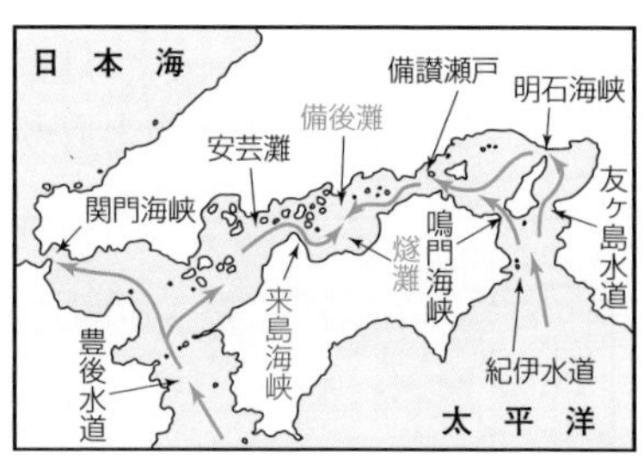

図2·71　瀬戸内海の潮流（上げ潮流）

§ 2-38　潮流の流向（第20条第2項）と潮流信号所の示す潮流信号（航路標識法）について

第1項第1号から第3号まで及び第5号の潮流の流向は，国土交通省令で定めるところにより，海上保安庁長官が信号により示す流向による。（則第9条第2項）

(1)　電光表示方式による潮流信号

◘　「海上保安庁長官が信号により示す流向」とは，次に掲げる潮流信号所の示す潮流信号による流向である。（則第9条第2項）

潮流信号はすべて電光表示盤により示され，図2･71の2に示すとおり，4か所の潮流信号所から計6つの方向に向け表示されている。これらの信号に基づき，順潮，逆潮，転流等の判断をしなければならない。

(1)　来島長瀬ノ鼻潮流信号所
(2)　大浜潮流信号所
(3)　津島潮流信号所
(4)　来島大角鼻（おおすみはな）潮流信号所

◘　各信号所で表示する信号は，次のように，船舶がこれから航行すべき水道の情報である。

- 順潮の場合：中水道の潮流の現状
- 逆潮の場合：西水道の潮流の現状
- 転流期は，すべての潮流信号所で中水道の潮流の現状を示す。

※　転流期：「中水道の転流約20分前～中水道の転流約20分後」をいう。ただし，西水道の転流が，中水道の転流約20分前より早い

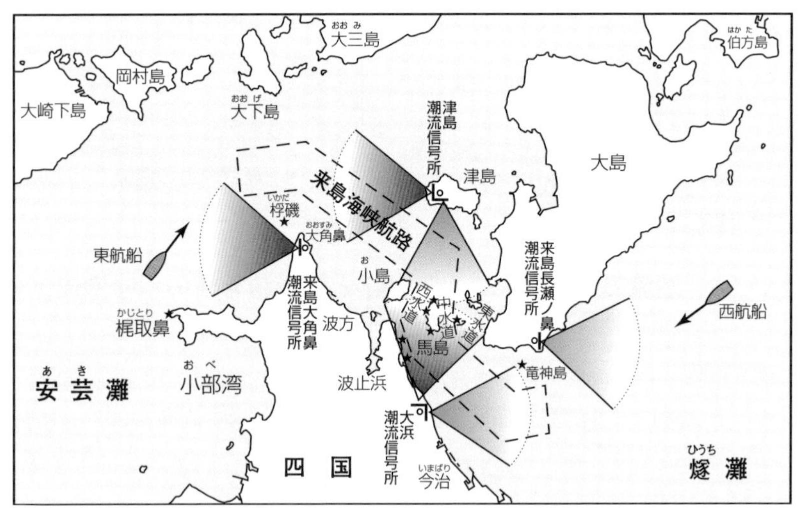

図2･71の2　潮流情報の提供範囲（参考文献(7)）

ときは「西水道の転流～中水道の転流約20分後」，中水道の転流約20分後より遅いときは「中水道の転流約20分前～西水道の転流」をいう。

潮流信号所	表示方向	信号の内容	対象船
来島長瀬ノ鼻	東向き	南流時：西水道の潮流 北流時：中水道の潮流	西航船
大浜（東表示盤）	東向き		
津島（南表示盤）	南向き		
来島大角鼻	西向き	南流時：中水道の潮流 北流時：西水道の潮流	東航船
大浜（北表示盤）	北向き		
津島（西表示盤）	西向き		
すべての信号所	全方向	転流時：中水道の潮流	西航船 東航船

(2) 潮流信号所の示す記号等

来島海峡における潮流信号所の示す記号等及びその意味は，表2･1に示すとおりである。

表2･1　来島海峡の潮流信号所の示す記号等

電光表示	意　味
S	南流
N	北流
0～13	流速（ノット）　※小数点第1位を四捨五入した整数
↑	今後流速が速くなる
↓	今後流速が遅くなる
↓（下線付き）	中水道の転流約1時間前から転流まで （転流時通報が必要（§2-38の3参照））
×	転流期

流速を示すことが不能のときは，流向及び流速の傾向のみを示す。

また，各流期における記号・文字・数字の組み合わせを表2·2に示す。

表2·2　各流期における記号・文字・数字の組合わせ

南流期	北流期	転流予告期 （中水道の転流約1時間前から転流期まで）	転流期
S 0～13 ↓又は↑	N 0～13 ↓又は↑	S又はN 0～13 ↓	S又はN × ↓又は↑

(3) 電光表示の具体例

電光表示盤は，2秒を隔てて2秒間点灯して，上記の記号等を表示する。電光表示が順次変わる5つの例をあげると，次のとおりである。

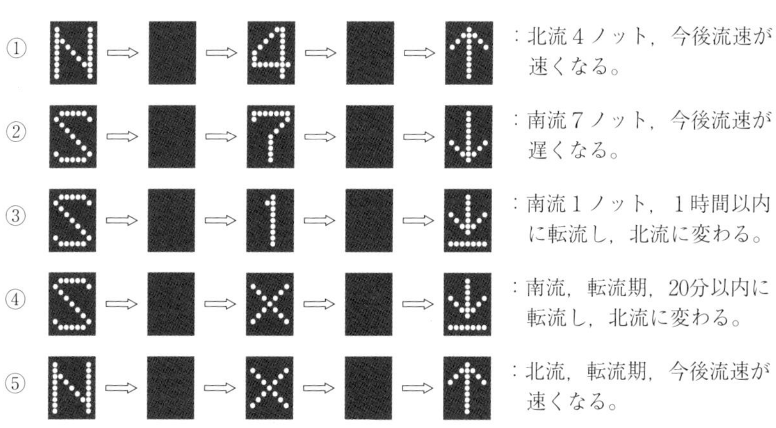

■は消灯を示す。

【注】　来島海峡における潮流信号は，従来は，腕木方式・灯光式・電光表示式の3種類が混在していたが，平成24年3月26日から電光表示方式に統一された。

すべての潮流信号が電光表示方式に改正されたことは画期的なことである。電光表示方式は視認性に優れ，「転流1時間前」，「転流20分前」など，これまでよりも詳細な潮流情報を得ることができるようになり，来島海峡航路を航行する船舶の安全性が向上した。

§ 2-38 の 2　転流前後における特別な航法の指示（第20条第3項）

第20条第3項は，海上保安庁長官が来島海峡航路において，転流すると予想され，又は転流があった場合において，第1項の規定による航法（順中逆西など5つの航法）によることが，船舶交通の危険を生ずるおそれがあると認めるときは，第1項の規定による航法と異なる航法を指示することができることを定めたものである。

また，当該指示された航法によって航行している船舶については，予防法第9条第1項（狭い水道等の右側端航行）の規定は，当然のことであるが，適用しないと定めている。

◆ 第3項における特別な航法の指示の具体例を示すと，図2･71の3のとおりである。同図のA及びBの両船とも，転流前後の微妙な時期において，中水道を航行しようとしており，同水道で出会う危険な状況にあるため，同長官は，A船に対して西水道の航行を指示して，危険を回避しようとするものである。

◆ 転流前後の微妙な時期に，来島海峡航路を航行しようとすることは，

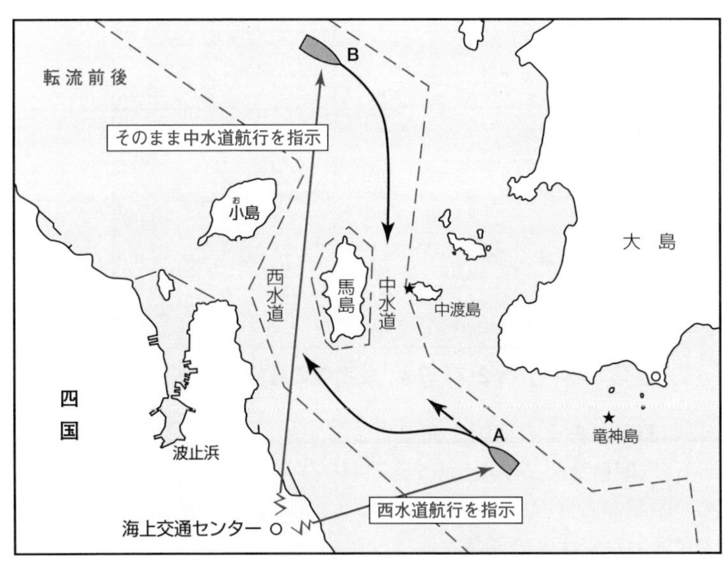

図2･71の3　転流前後における特別な航法の指示

上の例のように衝突などの船舶交通の危険を伴う。その危険は，本項の定めるところにより指示される特別な航法を厳格に守ることで回避できるが，何よりも重要なことは，そのような時期や強潮流時の通峡を避けるよう周到な航海計画を立てて，慎重に運航することである。

§ 2–38 の 3　航路入航前における通報義務（第20条第4項）

第20条第4項は，来島海峡航路をこれに沿って航行しようとする船舶の船長に対し，国土交通省令で定めるところにより，船舶の名称その他の国土交通省令で定める事項を海上保安庁長官に通報することを義務付けたものである。

◇「国土交通省令で定めるところ」とは，次のとおりである。（則第9条第3項）

(1)　通報船舶……転流する時刻の1時間前から転流する時刻までの間に航路を航行する船舶。

(2)　通報時刻……図2･71の4に示す通報ラインを横切った後直ちに。

(3)　通報方法……海上保安庁長官が告示で定めるところにより，VHF無線電話その他の適切な方法により行う。

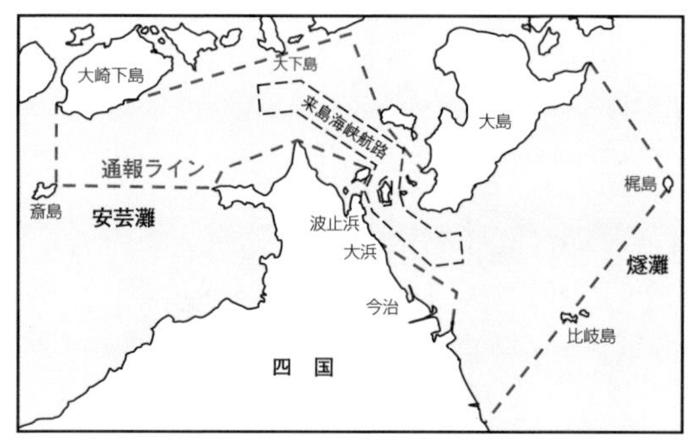

図 2･71 の 4　船名等の通報ライン

◇「船舶の名称その他国土交通省令で定める事項」とは，次のとおりである。（則第9条第4項）

(1)　船舶の名称

(2)　海上保安庁との連絡手段

(3)　航行する速力

(4) 航路外から航路に入ろうとする時刻

◆ 条文のかっこ書きにあるとおり，船長以外の者が船長に代わってその職務を行うべきときは，その者が船長に代わって通報しなければならない。

§ 2-39　来島海峡航路の航法が予防法第9条第1項と相反する場合（第20条第1項・第3項）

第20条第1項及び第3項の規定は，それぞれの本文規定の航法（第1項の順中逆西などの航法・第3項の海上保安庁長官が指示する航法）によって航行している場合には，後段規定で「予防法第9条第1項（狭い水道等の右側端航行）の規定は，適用しない」旨を定めている。

したがって，船舶が上記の本文規定で定める航法によって航行している場合には，同航路又は同航路の西水道において，他の船舶と反航し合うときに右舷対右舷で航行（左側航行）することになり，予防法第9条第1項の右側端航行の航法と相反する場合を生ずることとなる。

それらの具体例をあげると，次のとおりである。

(1) 潮流が南流の場合の右舷対右舷の航行（第1項）

潮流が南流の場合には，図2·72に示すとおり，東航船（A）は，同航路をできる限り大下島と大島側に近寄って航行（中水道経由）し，また西航船（B）は，できる限り四国側に近寄って航行（西水道経由）するから，両船は同航路を右舷（A′）対右舷（B′）で航行することになる。

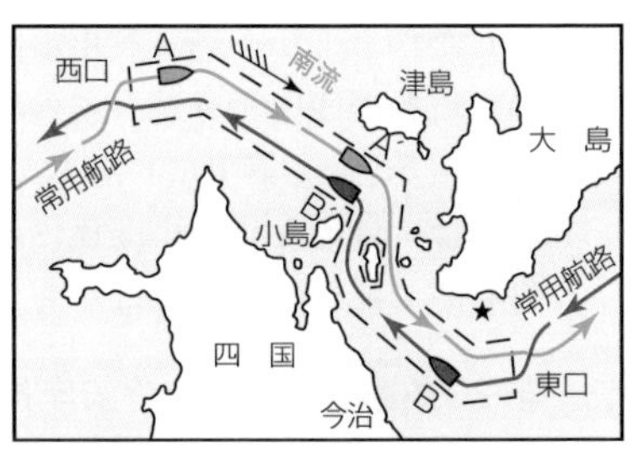

図2·72　右舷対右舷の航行（来島海峡航路）

◆ 潮流が南流の場合には，東航船と西航船とは，航路において上記のように右舷対右舷で航行するが，その後，航路の出入口の外側においては，常用航路を左舷対左舷で航行しなければならないから，同図の経路が示すように，同航路の東口付近又は西口付近において，航路を出ようとする船舶と，航路に入ろうとする船舶との進路が交差することになり，衝突の危険が生じやすい。

したがって，両船は，この進路の交差について十分に注意して航行しなければならない。

(2) 潮流が北流の場合の右舷対右舷の航行（第1項）

潮流が北流の場合には，図2･73に示すように，同航路の西水道において，東航船（A）は，西水道を航行し，他方西水道を航行して小島・波止浜間の水道へ出ようとする西航船（B）は，その他の船舶の四国側を航行するから，両船は，西水道の南部やその南側の海域において右舷（A′）対右舷（B′）で航行することになる。

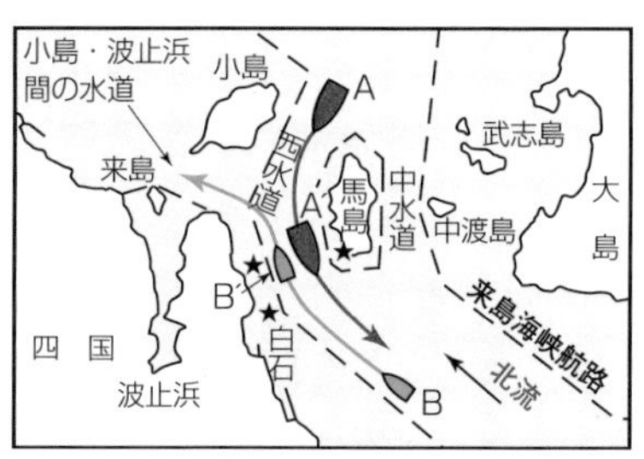

図2･73　右舷対右舷の航行（西水道）

◆ 潮流が北流の場合には，東航船と西航船とは，上記のように右舷対右舷で航行することになるが，西水道そのものが狭く，かつわん曲しており，また水道の西側には険礁が存在しているため，小島・波止浜間の水道へ出ようとする船舶が四国側に寄るのに不安を感じて中央に寄り気味になると，両船は一見行会いのような態勢となり勝ちで，それは危険な見合いを作ることであって，衝突の危険が生じやすい。

したがって，小島・波止浜間の水道へ出ようとする西航船は，西水道の東航船の四国側を航行する航法を遵守するとともに，長音3回の汽笛信号（第21条第1項）を常時行わなければならず，また，西水道の東航船は，危険な見合い関係になり勝ちであることに十分に注意して右舷対右舷で航行しなければならない。

(3) 第20条第3項の海上保安庁長官の指示する航法による右舷対右舷の航行（第3項）

第3項の規定により同航路の転流前後において，同長官は，船舶交通の危険を防止するため，第1項の航法と異なる航法を指示することができる。その場合に，東航船と西航船とが右舷対右舷で航行することが生ずる。

◆ それは，指示が図2･71の3に示すようになされた場合において，東航船と西航船とは，同航路で右舷対右舷で航行することになる。

◆ 同長官が第1項と異なる航法を指示する場合には，船舶からの通報（則第9条第4項，第13条）により，当該両船舶の名称，総トン数，長さ，速力，巨大船か危険物積載船の別等を慎重に判断して，その航法の指示がなされる。

> **第21条**　汽笛を備えている船舶は，次に掲げる場合は，国土交通省令で定めるところにより信号を行わなければならない。ただし，前条第3項の規定により海上保安庁長官が指示した航法によって航行している場合は，この限りでない。
>
> (1)　中水道又は西水道を来島海峡航路に沿って航行する場合において，前条第2項の規定による信号により転流することが予告され，中水道又は西水道の通過中に転流すると予想されるとき。
>
> (2)　西水道を来島海峡航路に沿って航行して小島と波止浜との間の水道へ出ようとするとき，又は同水道から同航路に入って西水道を同航路に沿って航行しようとするとき。
>
> 2　海上衝突予防法第34条第6項の規定は，来島海峡航路及びその周辺の国土交通省令で定める海域において航行する船舶について適用しない。

§ 2-40　来島海峡航路の信号（第21条）

本条は，第20条の順中逆西等の航法に対応して，転流時の中水道・西水道の航行船の信号及び小島・波止浜間の水道の航行船の信号（第1項）並びにわん曲部信号・応答信号の禁止（第2項）を定めたものである。

(1)　長音1回，長音2回及び長音3回（第1項）

汽笛を備えている船舶は，次に掲げる場合は，国土交通省令（則第9条第5項）で定めるところにより，次の信号を行わなければならない。（図2·74，図2·75）

(1)　中水道又は西水道を来島海峡航路に沿って航行する場合において，信号により転流することが予告され，中水道又は西水道の通過中に転流すると予想されるとき

中水道	長音1回（━）（汽笛）	津島一ノ瀬鼻又は竜神島並航時から，中水道を通過し終わるまで。
西水道	長音2回（━ ━）（汽笛）	津島一ノ瀬鼻又は竜神島並航時から，西水道を通過し終わるまで。

◆　上記の信号は，１回だけ行ったらよいというものではなく，反航船等の動向に注意し必要に応じて随時行わなければならないものである。

(2)　西水道を来島海峡航路に沿って航行して小島と波止浜との間の水道へ出ようとするとき，又は同水道から同航路に入って西水道を同航路に沿って航行しようとするとき。（随時）

長音３回（━━ ━━ ━━）（汽笛）	来島又は竜神島並航時から，西水道を通過し終わるまで。

◆　これらの信号は，自船が転流時の航行であること，又は小島・波止浜間の水道を出入する西水道航行船であることを他の船舶に知らせ，来島海峡航路の航法規定の履行について疑念を与えないようにするためのものである。

◆　ただし書規定により，前条（第20条）第３項（転流前後における特別な航法の指示）の規定により海上保安庁長官が指示した航法によって航行している場合は，本文規定（長音１回，長音２回又は長音３回）は，この限りでなく，行わなくてよい。

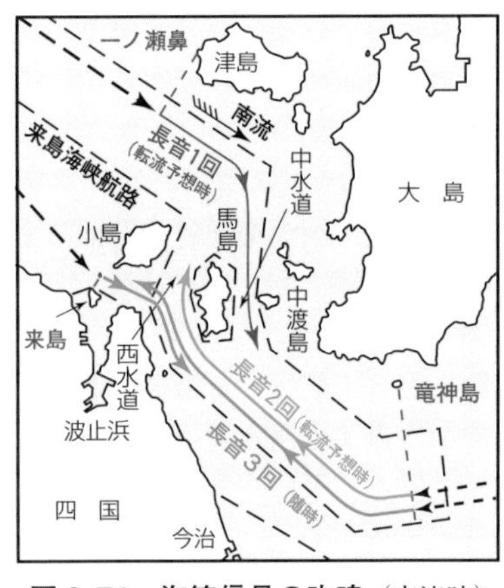

図 2·74　汽笛信号の吹鳴（南流時）

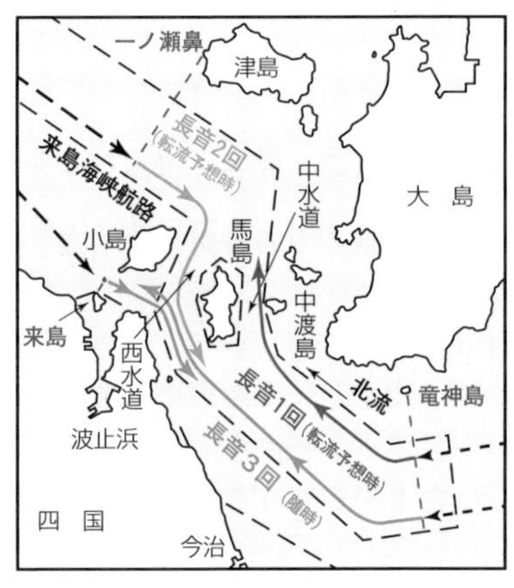

図 2·75　汽笛信号の吹鳴（北流時）

【注】 来島海峡航路を横断等する場合（例えば，今治と東水道との間を往来する船舶）は，第7条（進路を知らせるための措置）により，図2･78に示す信号を行う。

(2) わん曲部信号・応答信号の適用除外（第2項）

第2項の規定は，わん曲部信号・応答信号（予防法第34条第6項）は，来島海峡航路及びその周辺の国土交通省令で定める海域において航行する船舶に適用しないことを定めたものである。

◇ 来島海峡航路においては，同航路を安全に通航するために，自船の航行水道（経路）及び状態（転流時）を示す特定の信号が規定（第1項）されており，また進路信号（今治と中水道又は東水道との間（第7条））も定められている。したがって，他船に対して自船の存在及び状態を示し注意を喚起するわん曲部信号・応答信号は必要でなく，これらの信号を行うことは，かえって信号が交錯して危険を生じるおそれがあるから，第2項の規定はわん曲部信号・応答信号を適用除外としている。

◇ 「周辺の国土交通省令で定める海域」とは，図2･76に示すとおり，蒼社川口右岸突端から大島タケノ鼻まで引いた線，大下島アゴノ鼻から梶取鼻及び大島宮ノ鼻まで引いた線，並びに陸岸により囲まれた海域のうち，航路以外の海域（青色の部分）である。(則第9条第6項)

したがって，わん曲部信号・応答信号を行う必要のない海域は，この

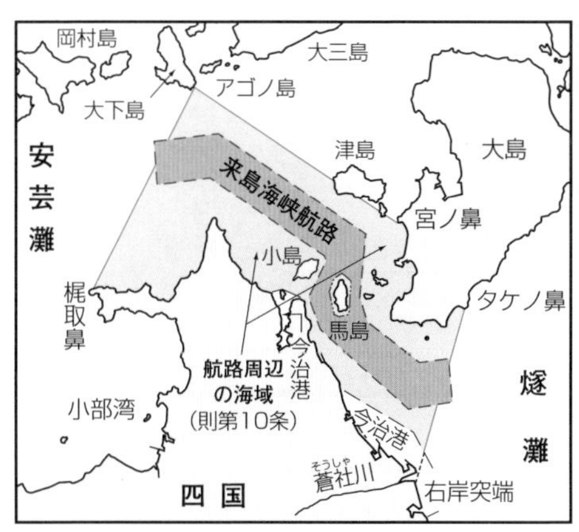

図2･76　わん曲部信号・応答信号の適用除外海域

「周辺海域」と「航路」とを合わせた海域である。

なお，港の区域（今治港）等は，第1条第2項（適用海域）の規定により，海交法の適用海域から除かれている。

【注】 上記の「蒼社川口右岸」の右岸とは，水源から川口・河口に向かってその右をいう。左岸とは，同方向に向かってその左をいう。

ちなみに，河川・海峡などの左舷・右舷とは，河口・海口から水源に向かってその左・右をいう。

§ 2-41　航路航行義務，進路を知らせるための措置及び航路の出入・横断の制限

(1)　航路航行義務（第4条）

来島海峡航路の航路航行義務は，図2･77のとおりである。

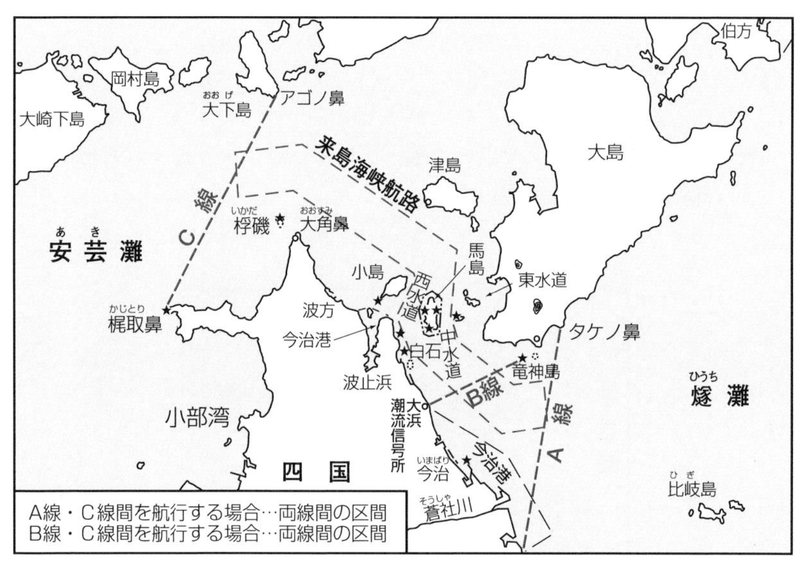

図2･77　航路航行義務（来島海峡航路）

【注】 小型の船舶は，来島海峡を通り抜ける場合（例えば，阪神方面から関門方面に直航）には，小島・波止浜間の水道を経由して航路の南側を航行する経路を利用する場合があるが，その船舶の長さは，第4条（航路航行義

務）の規定により，長さ50メートル未満に限定される。

もし，この船舶の長さが50メートル以上であったとすると，図2･77のA線・C線間を航行する場合においては，同条の規定により，来島海峡航路の全区間（A線・C線間の区間）を航行しなければならない。

なお，長さ50メートル以上の船舶でも，波止浜（今治港・飛び地）に入港しようとする場合は，同図のA線・C線間又はB線・C線間の全区間を航行するのではなく，同航路の途中から出て小島・波止浜間の水道を航行して波止浜に入港することができる。

(2) 進路を知らせるための措置（第7条）

来島海峡航路の進路信号は，図2･78のとおりである。

AISによる送信は，§2–8(2)を参照のこと。

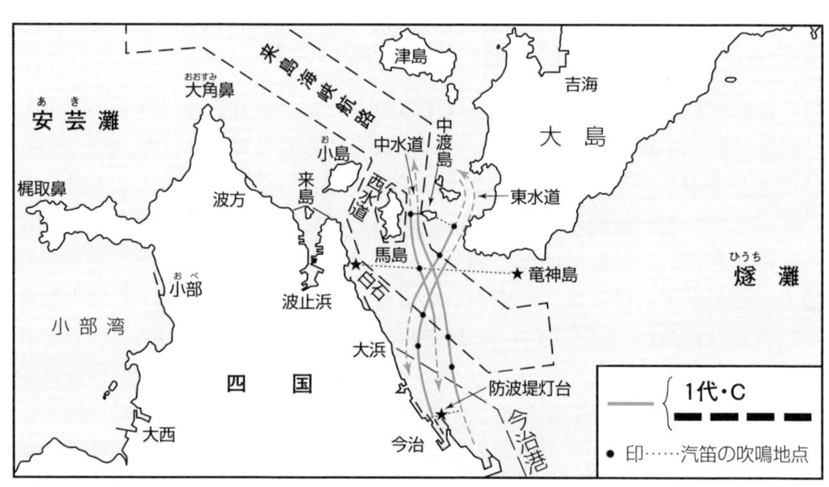

図2･78　進路信号（来島海峡航路）

(3) 航路の出入・横断の制限（第9条）

来島海峡航路のうち，図2･79に示す区間においては，航路を出入する航行又は航路を横断する航行（共に，図のA線又はB線を横切る場合に限る。）をしてはならない。

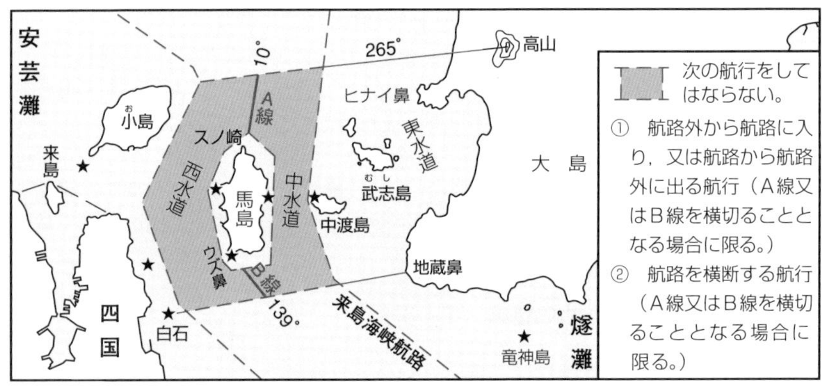

図 2･79　航路の出入・横断の制限（来島海峡航路）

§ 2-41 の 2　航路及び航路付近航行時の注意

◆ 船舶が航路及びその付近を航行する場合に第一に注意すべきは，常時適切な見張りを行うとともに船位の確認に努めることである。航路は，船舶交通が集中し，かつ自然条件が良好でないところが多く，特別な航法が定められている。他船との衝突を防止するためには，他の海域以上に慎重な見張りを行い，早期に的確な判断をしなければならない。

◆ 航路の出入口付近は，航路から出ようとする船舶と航路に入ろうとする船舶との進路が交差したり，航路を出入する船舶と出入口の外側付近を航行する船舶とが出会ったりするところである。さらに航法的にも海交法の航路航法の適用と予防法の航法の適用との境界に当たるため，船舶間で認識の不一致が生じやすく衝突の危険性が増す。したがって，互いに他の船舶の動静に十分に注意し，余裕のある運航をすることが必要である。

例えば，航路に入ろうとする船舶は，出入口から相当の距離を隔てたところから航路へ向かう態勢で航行すべきで，出入口近くで大きく変針をするような動作をとってはならない。また，出入口の外側付近を航行する船舶は，航路を出入する船舶の航行を妨げないよう，出入口から十分に距離をとって航行しなければならない。

◆ 海交法の適用海域には，航路を示す灯浮標や灯標が多数設置されているが，それらに接近して航過するときは，風や潮流によって圧流され接触することがないよう注意を要する。特に，潮流は風と異なり，流向・流速を船橋で正確に計測することは難しいため，事前によく調査し，昼間は航路標識付近の流れの様子を観察しておかなければならない。また，船位の確認に努めることはいうまでもない。

◆　航路及びその周辺海域では，浚渫，航路標識の新設・移設，水中障害物の撤去，水路測量等の工事により，航行に影響を及ぼす場合がある。したがって事前に海上保安庁のホームページや水路通報等で，情報を確かめておくことが重要である。

【注】 ⑴　来島大橋の桁下高さ（最高水面からの高さ）は，その第1大橋（東水道）が46メートル，第2大橋（中水道）と第3大橋（西水道）が共に65メートルである。

⑵　橋梁標識は，その橋梁下の可航水域，航路の端若しくは中央を，又は橋脚の存在を示すためのもので，国際的に統一され，その概要は，下記のとおりである。（標識の方向の基準は，水源に向かってである。）

橋梁灯	左側端灯（◎）	中央灯（○）	右側端灯（●）	橋脚灯（○）
橋梁標	左側端標 ■	中央標 ⦶	右側端標 ▲	―――

このほか，橋によっては，橋脚投光照明，音響信号装置（視界不良時），航空障害灯などが設置されている。

【注】 船は固形物に弱い

船は，水に浮かんで人や物を運ぶ。その船は，固形物には極めて弱いものである。

- 2隻の，船舶という固形物が衝突すると，1事件で，2隻の船舶が損傷を受ける。その時の速力，衝突角度，船舶の種類，積載物の種類，船舶の大小，風浪の状態などによっては，沈没したり，油に引火して炎上したり，油を流出したり，ひいては多数の死傷者を出すなど悲惨な事態を招くものである。
- かつて1912年，英豪華客船タイタニック号は，処女航海で全速力のまま氷山に衝突して沈没し，死者1,500余名という大惨事を起こした。

  衝突の相手は，氷山という固形物であった。巨船も，固形物には弱かった。
- 次に，衝突ではないが，船舶は，岩礁という固形物に乗り揚げると，その時の時化（しけ）の状態によっては，船底が大きく破損し，人命も危険に陥る。

  これは，船位の測定の怠りか誤りが原因であって，自船の喫水より浅い水域を航行したからである。
- このように海難を起こすと，その事後処理や心労は大変なものである。それは，例えば，昨日まで心配事で悩んでいたが，今日海難を起こして，あの心配事は些細なことであった，昨日までは幸せであったと，事の重大さを改めて痛感する。

  海難を起こした時の苦悩を想像して，その千分の一，万分の一の努力を事前にすれば，海難の発生を予防することができる。
- その努力とは，船橋当直において，見張り（視覚，聴覚，レーダーなどすべての手段の活用）をはじめとして，予防法・海交法・港則法の規定（ポイント）を遵守し，また船位を確認して，次直者に当直を引き継ぐまでは，しっかりと厳正に当直勤務を全うすることである。

  海上衝突予防法の名のとおり，衝突の防止はもとより，衝突の予防に心掛けなければならない。
- 運航者は，船舶が水に安全に浮かんでこそ，その使命を果たせるものであることを肝に銘じ，水の本性をよく知り，自らの言わば職場である大海原の水を畏敬する心を持つことが大事であると思うところである。

第3節　特殊な船舶の航路における交通方法の特則

第22条　巨大船等の航行に関する通報

> 第22条　次に掲げる船舶が航路を航行しようとするときは，船長は，あらかじめ，当該船舶の名称，総トン数及び長さ，当該航路の航行予定時刻，当該船舶との連絡手段その他の国土交通省令で定める事項を海上保安庁長官に通報しなければならない。通報した事項を変更するときも，同様とする。
> (1)　巨大船
> (2)　巨大船以外の船舶であって，その長さが航路ごとに国土交通省令で定める長さ以上のもの
> (3)　危険物積載船（原油，液化石油ガスその他の国土交通省令で定める危険物を積載している船舶で総トン数が国土交通省令で定める総トン数以上のものをいう。以下同じ。）
> (4)　船舶，いかだその他の物件を引き，又は押して航行する船舶（当該引き船の船首から当該物件の後端まで又は当該押し船の船尾から当該物件の先端までの距離が航路ごとに国土交通省令で定める距離以上となる場合に限る。）

§ 2-42　巨大船等の航行に関する通報（第22条）

本条は，①巨大船，②巨大船以外の一定の長さ以上の船舶，③危険物積載船，④物件えい航船等の航路を航行する隻数の増加や大型化，操縦の困難性又は積載物の危険性にかんがみ，海上保安庁長官がこれらの船舶の航路航行の予定時刻等を事前に知って，その入航間隔を調整するなど危険防止のための必要な指示をしたり，付近の船舶に情報を周知したりするために，これらの船舶の船長に対し通報義務を課すことを定めたものである。（図2･80）

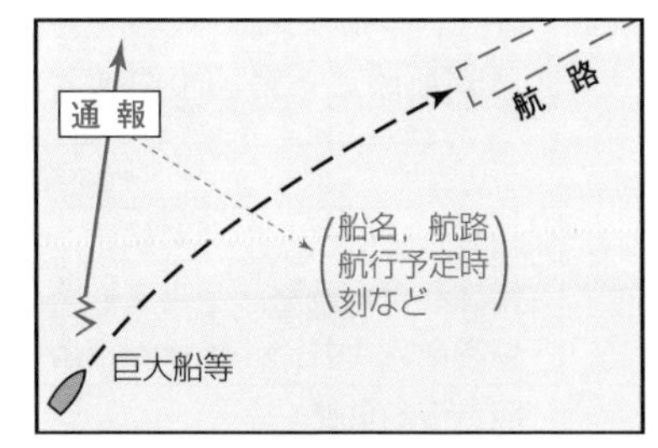

図2･80　巨大船等の航路の航行に関する通報義務

(1) 航路航行の通報義務船

航路の航行に関する通報をしなければならない船舶（通報義務船）は，次のとおりである。

(1) 巨大船

(2) 巨大船以外の船舶であって，その長さが航路ごとに国土交通省令（則第10条）で定める長さ以上のもの

航　路	長　さ
浦賀水道航路，中ノ瀬航路，明石海峡航路，備讃瀬戸東航路，宇高東航路，宇高西航路，備讃瀬戸北航路，備讃瀬戸南航路，来島海峡航路	160メートル
伊良湖水道航路	130メートル
水島航路	70メートル

(3) 危険物積載船（国土交通省令（則第11条）で定めるもの）

① 80トン以上の火薬類（爆薬以外の火薬類では一定の換算をする。）を積載した総トン数300トン以上の船舶

② 高圧ガスで引火性のものをばら積みした総トン数1,000トン以上の船舶

③ 引火性液体類をばら積みした総トン数1,000トン以上の船舶

④ 200トン以上の有機過酸化物を積載した総トン数300トン以上の船舶

ただし，これらの危険物には，船舶の使用に供するものは含まない。

(4) 物件えい航船等

船舶，いかだその他の物件を引き，又は押して航行する船舶で全体の距離が航路ごとに国土交通省令（則第12条）で定める距離以上のもの

航　路	距　離
浦賀水道航路，中ノ瀬航路，伊良湖水道航路，備讃瀬戸東航路，宇高東航路，宇高西航路，備讃瀬戸北航路，備讃瀬戸南航路，水島航路	200メートル
明石海峡航路	160メートル
来島海峡航路	100メートル

【注】 上記の全体の距離は，詳しくは，引き船の船首から当該引き船の引く物件の後端まで又は押し船の船尾から当該押し船の押す物件の先端までの距離のことである。（第22条のかっこ書き規定）

(2) 航路航行に関する通報事項

巨大船等が航路を航行しようとするときの通報事項は，次のとおりである。

① 船舶の名称・総トン数及び長さ
② 航行しようとする航路の区間，航路入航予定時刻・航路出航予定時刻
③ 呼出符号又は呼出名称
④ 連絡手段
⑤ 仕向港
⑥ 巨大船にあっては，喫水
⑦ 危険物積載船にあっては，危険物の種類及び数量
⑧ 物件えい航船等にあっては，全体の距離・物件の概要

(3) 航路航行の通報時期，通報先及び通報方法

通報は，下記の①に掲げる通報時期に，②に掲げる通報先に，③無線通信，書面（持参，郵便又は信書便），電報，電話，ファクシミリ又は電子情報処理組織のいずれかの方法により行う。また，通報事項の変更は，無線通信又は電話により行う。（則第14条，下記の告示）

① 通報時期

船　舶	通報時期	変更があったとき
巨大船，巨大船以外の一定の長さ以上の船舶，液化ガス積載の総トン数25,000トン以上の危険物積載船又は物件えい航船等	航路入航予定日の前日正午までに。	3時間前までに。（その後の変更は直ちに。）
水島航路を航行しようとする長さ70メートル以上160メートル未満の船舶，危険物積載船（上欄の船舶を除く。）	航路入航予定時刻の3時間前までに。	直ちに。
〔備考〕 航路を航行する必要が緊急に生じた場合等は，通報事項をあらかじめ通報すれば足りる。（則第14条第3項）		

② 通報先

航 路	通報先
浦賀水道航路，中ノ瀬航路	東京湾海上交通センター所長
伊良湖水道航路	伊勢湾海上交通センター所長
明石海峡航路	大阪湾海上交通センター所長
備讃瀬戸東航路，宇高東航路，宇高西航路，備讃瀬戸北航路，備讃瀬戸南航路，水島航路	備讃瀬戸海上交通センター所長
来島海峡航路	来島海峡海上交通センター所長

【注】 この通報の方法は，詳しくは，**巨大船等の航行に関する通報の方法に関する告示**（昭和48年海上保安庁告示第109号，最近改正令和4年同告示第40号）に定められている。

第23条 巨大船等に対する指示

第23条 海上保安庁長官は，前条各号に掲げる船舶（以下「巨大船等」という。）の航路における航行に伴い生ずるおそれのある船舶交通の危険を防止するため必要があると認めるときは，当該巨大船等の船長に対し，国土交通省令で定めるところにより，航行予定時刻の変更，進路を警戒する船舶の配備その他当該巨大船等の運航に関し必要な事項を指示することができる。

§ 2-43 巨大船等に対する指示（第23条）

本条は，航路における船舶交通の危険を防止するため，海上保安庁長官は前条の巨大船，巨大船以外の一定の長さ以上の船舶，危険物積載船又は長大物件えい航船等（以下「巨大船等」という。）に対し，航行予定時刻の変更等を指示することができることを定めたものである。（図2･81）

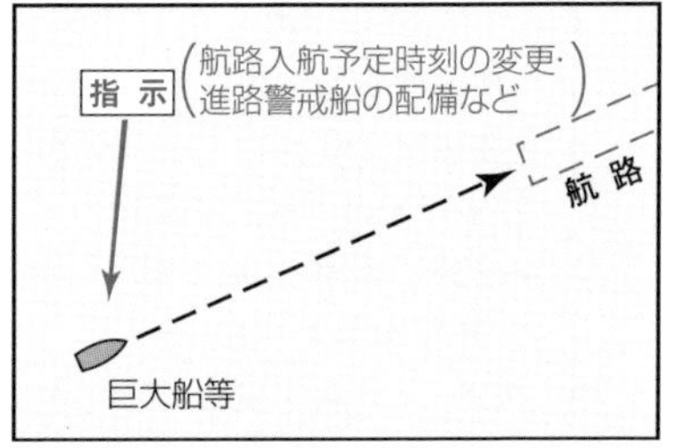

図2･81 巨大船等に対する指示

(1) 航路入航予定時刻の変更等の指示（則第15条第1項）

国土交通省令で定めるところにより，海上保安庁長官が指示することができる事項は，次のとおりである。

① 航路入航予定時刻の変更
② 航路を航行する速力
③ 海上保安庁との間の連絡の保持（船舶局のある船舶）
④ 余裕水深の保持（巨大船）
⑤ 進路警戒船の配備（250メートル以上の巨大船又は危険物積載船である巨大船）
⑥ 航行を補助する船舶の配備（巨大船又は危険物積載船）
⑦ 消防設備船の配備（特別危険物積載船：危険物積載船で総トン数50,000トン（危険物が液化ガスである場合は総トン数25,000トン）以上のもの。）
⑧ 側方警戒船の配備（長大物件えい航船等）
⑨ そのほか，運航に関し必要と認められる事項（巨大船等）

【注】⑥の「航行を補助する船舶」とは，例えば，タグボートであり，⑧の「側方警戒船」とは，例えば，他船がえい航船列の途中を横切るのを警戒する船舶である。

(2) 進路警戒船等の配備の指示の内容の基準（則第15条第2項）

海上保安庁長官は，進路警戒船，消防設備船又は側方警戒船の配備を指示する場合の指示の内容に関し，基準を定め，告示している。（同告示は，下記の【注】に掲載している。）

◆ 同告示によると，進路警戒船又は側方警戒船に掲げることを指示される灯火・標識は，次のとおりである。（図2･82，図2･83）

夜　間	一定の間隔で毎分120回以上140回以下の閃光を発する緑色の全周灯（2海里以上）	1個
昼　間	紅白の吹流し（直径50センチメートル，長さ2メートル）	1個

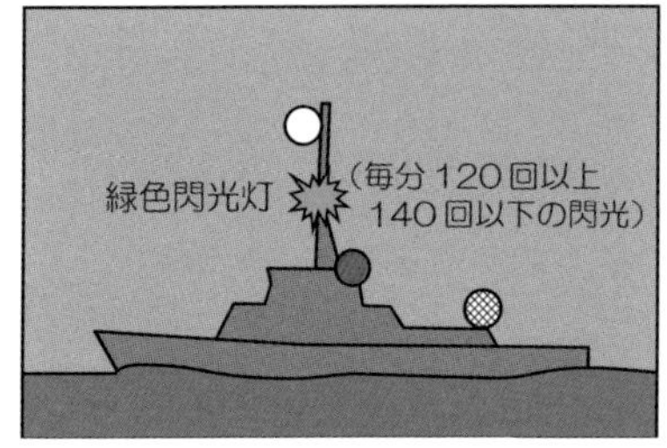

図2・82 進路警戒船・側方警戒船の灯火

図2・83 進路警戒船・側方警戒船の標識

【注】 進路を警戒する船舶，消防設備を備えている船舶又は側方を警戒する船舶の配備を指示する場合における指示の内容に関する基準を定める告示（昭和51年海上保安庁告示第29号，最近改正昭和60年同告示第65号）

告示は，上記の標識・灯火のほか，次の指示基準（要旨）を定めている。航路管制官は，この指示基準によって指示を行っている。

(1) 進路警戒船，消防設備船又は側方警戒船の配備の指示

海上保安庁長官は，次の表の左欄に掲げる巨大船等の船長に対し，中欄に掲げる事項を指示する場合は，特別の事情がある場合を除き，右欄に掲げる船舶の配備を指示するものとする。

巨大船等	事　項	船　舶
① 長さ250メートル以上の巨大船又は危険物積載船である巨大船	進路を警戒する船舶の配備	進路警戒船（告示別表第1に定める基準に適合するものであること。）
② 危険物積載船（液化ガスを除く。）で泡式特別消防設備船の待機配置を行っている総トン数5万トン以上10万トン未満のもの	消防設備を備えている船舶の配備	第1種消防設備船（同上）
③ 危険物積載船（液化ガスを除く。）で総トン数5万トン以上10万トン未満のもの（前号に掲げるものを除く。），又は危険物積載船（液化ガスを除く。）で泡式特別消防設備船の待機配置を行っている総トン数10万トン以上13万トン未満のもの	同上	第2種消防設備船（同上）

④　危険物積載船（液化ガスを除く。）で総トン数10万トン以上13万トン未満のもの（前号に掲げるものを除く。）	同上	第3種消防設備船（同上）
⑤　液化ガスの危険物積載船で総トン数2万5千トン以上6万5千トン未満のもの	同上	第4種消防設備船（同上）
⑥　長大物件えい航船等	側方を警戒する船舶の配備	側方警戒船（同上）

〔備考〕危険物積載船で総トン数13万トン（液化ガスは6万5千トン）以上のものに対する指示は，その都度行われることになる。

(2)　航路を航行している間配備することの指示

海上保安庁長官は，巨大船等の船長に対し，(1)の進路警戒船等の配備を指示する場合は，特別の事情がある場合を除き，巨大船等が航路を航行している間，配備するよう指示するものとする。

(3)　浦賀水道航路又は中ノ瀬航路における配備の指示

海上保安庁長官は，特別の事情がある場合を除き，浦賀水道航路又は中ノ瀬航路を航行しようとする①巨大船である危険物積載船（液化ガスを除く。）であって総トン数5万トン以上13万トン未満のものの船長に対し，(1)の船舶の配備を指示する場合は，船長が「泡式特別消防設備船*1の待機配置*2」を行っているときを除き，また，②巨大船である危険物積載船（液化ガスに限る。）であって総トン数2万5千トン以上6万5千トン未満のものの船長に対し，(1)の船舶の配備を指示する場合は，船長が「粉末式特別消防設備船*1の待機配置」を行っているときを除き，進路警戒船及び消防設備船それぞれ1隻の配備を指示するものとする。

*1　泡式特別消防設備船及び粉末式特別消防設備船は，その消防能力等の基準が定められている。（告示第2条第6項）

*2「待機配置」とは，消防設備を備えている船舶を危険物積載船に火災が発生した場合に30分以内に消防活動に従事できる位置に配置しておくことをいう。（告示第2条第7項）

第24条 緊急用務を行う船舶等に関する航法の特例

第24条 消防船その他の政令で定める緊急用務を行うための船舶は，当該緊急用務を行うためやむを得ない必要がある場合において，政令で定めるところにより灯火又は標識を表示しているときは，第4条，第5条，第6条の2から第10条まで，第11条，第13条，第15条，第16条，第18条（第4項を除く。），第20条第1項又は第21条第1項の規定による交通方法に従わないで航行し，又はびょう泊をすることができ，及び第20条第4項の規定による通報をしないで航行することができる。

2 漁ろうに従事している船舶は，第4条，第6条から第9条まで，第11条，第13条，第15条，第16条，第18条（第4項を除く。），第20条第1項又は第21条第1項の規定による交通方法に従わないで航行することができ，及び第20条第4項又は第22条の規定による通報をしないで航行することができる。

3 第40条第1項の規定による許可（同条第8項の規定によりその許可を受けることを要しない場合には，港則法第31条第1項（同法第45条において準用する場合を含む。）の規定による許可）を受けて工事又は作業を行っている船舶は，当該工事又は作業を行うためやむを得ない必要がある場合において，第2条第2項第3号ロの国土交通省令で定めるところにより灯火又は標識を表示しているときは，第4条，第6条の2，第8条から第10条まで，第11条，第13条，第15条，第16条，第18条（第4項を除く。），第20条第1項又は第21条第1項の規定による交通方法に従わないで航行し，又はびょう泊をすることができ，及び第20条第4項の規定による通報をしないで航行することができる。

§ 2-44 緊急船舶・漁ろう船・工事作業船に関する航法の特例（第24条）

本条は，緊急用務，漁ろう，工事などのため，一定の規定の交通方法に従うことができないか，又は困難である船舶について，一定の航法規定又は航路航行の通報の規定の適用除外の特例を定めたものである。

(1) 航法等の特例を認められる船舶

⑴　緊急船舶（緊急用務を行うためやむを得ない必要がある場合）（第１項）

⑵　漁ろうに従事している船舶（第２項）

⑶　許可を受けた工事作業船（工事又は作業を行うためやむを得ない必要がある場合）（第３項）

◆　特例を認めたのは，①緊急船舶については，緊急性の高い用務を緊急に処理するため，②漁ろう船については，船舶の操縦性能を制限する漁具を用いて漁ろうをしている（予防法第３条第４項）ため，また③工事作業船については，工事又は作業の実施により他の船舶の進路を避けることが容易でない（第２条第２項第３号ロ）ために，それぞれの船舶が遵守することが困難である一定の航法規定等から離れるのもやむを得ないとするからである。

◆　緊急船舶とは，政令で定める緊急用務を行うための船舶であって，消防，海難救助，障害の除去，汚染の防除，犯罪の予防・鎮圧，犯罪の捜査，交通規制などの用務で緊急に処理することを要するものを行うための船舶で，使用する者の申請に基づき管轄の管区海上保安本部長が指定したものをいう。（令第５条）

緊急船舶が「政令で定めるところ」により，航行中又は錨泊中に表示する灯火又は標識は，次のとおりである。（令第６条，則第21条）（図2･84，図2･85）

夜　間	一定の間隔で毎分180回以上200回以下の閃光を発する紅色の全周灯（2海里以上）	1個	最も見えやすい場所
昼　間	頂点を上にした紅色の円すい形の形象物	1個	最も見えやすい場所

図2･84　緊急船舶の灯火

図2･85　緊急船舶の標識

【注】 漁ろうに従事している船舶は，予防法第26条の灯火又は形象物を，また，工事作業船は，海交法第2条の灯火又は標識（§1-5(3)）を表示していなければならない。

(2) 航法の特例

緊急船舶（第1項），漁ろうに従事している船舶（第2項）及び工事作業船（第3項）は，それぞれ表2･3において，左欄に掲げる規定のうち，右欄に△印で示す規定の交通方法に従わないで航行し，若しくは錨泊をすることができ，又は右欄に△印で示す第22条の通報をしないで航行することができる。(図2･86)

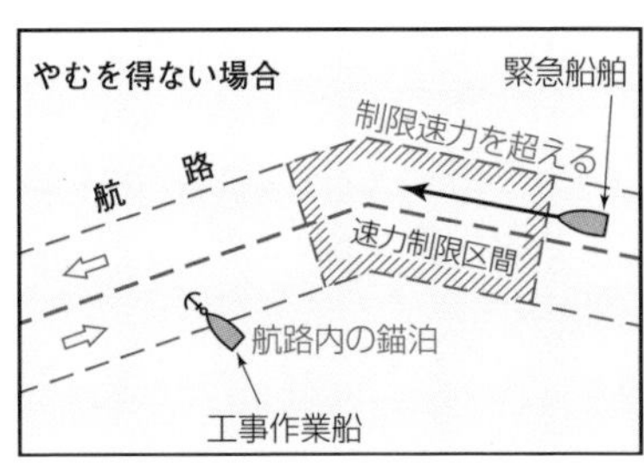

図2･86　航法の特例（具体例）

◘　これらの交通方法から離れることができるのは，緊急船舶及び工事作業船については，条文に明示されているとおり，「やむを得ない必要がある場合」であって，これらの船舶が本条の特例を誤用して安易に規定の交通方法から逸脱することは，折角の交通ルールを空文化するもので絶対に許されない。

また，漁ろうに従事している船舶については，条文に「やむを得ない必要がある場合」と定めていないが，みだりに規定の交通方法から離れることは，許されるものではない。

◆　他の船舶は，これらの船舶が上記の規定の交通方法に従わない場合（例えば，右側航行の定めのある航路を左側航行したり，横断禁止の航路の区間を横断するなど。）があるから，適切な見張りを行い，これらの船舶の灯火又は標識（形象物）を前広に確かめ，その動静に十分に注

表2·3　緊急船舶等の適用除外できる規定（△印）

関係規定		緊急船舶	漁ろう船	工事作業船
第1節 航路における一般的航法	第4条　航路航行義務	△	△	△
	第5条　速力の制限	△	—	—
	第6条　追越しの場合の信号	—	△	—
	第6条の2　追越しの禁止	△	△	△
	第7条　進路を知らせるための措置	△	△	—
	第8条　航路の横断の方法	△	△	△
	第9条　航路への出入・横断の制限	△	△	△
	第10条　錨泊の禁止	△	—	△
第2節 航路ごとの航法 【注】 通航方法を定めた規定のみである。	第11条　浦賀水道航路の右側航行 中ノ瀬航路の北航	△	△	△
	第13条　伊良湖水道航路の右寄り航行	△	△	△
	第15条　明石海峡航路の右側航行	△	△	△
	第16条　備讃瀬戸東航路の右側航行 宇高東航路の北航 宇高西航路の南航	△	△	△
	第18条（第4項を除く。）　備讃瀬戸北航路の西航 備讃瀬戸南航路の東航 水島航路の右寄り航行	△	△	△
	第20条第1項　来島海峡航路の順中逆西など5つの航法	△	△	△
	第20条第4項　同航路入航前の通報	△	△	△
	第21条第1項　来島海峡航路の信号	△	△	△
第3節	第22条　物件えい航船等の通報	—	△	—

意することが必要である。

一方，これらの船舶は，規定の灯火又は標識（形象物）を確実に表示し，規定の交通方法から離れる場合は，他の船舶に疑念を起こさせないよう，十分に余裕のある時期に動作をとることが必要である。

◇ 航法規定のうち避航関係を定めた航法規定については，当然のことながら，特例を認めていない。したがって，これらの船舶と他の船舶とが，航路において衝突するおそれがある場合には，避航関係を定めた航法規定（海交法に適用すべき規定のない場合は予防法の規定）によって動作をとらなければならない。

この場合に，これらの船舶が本条の特例により規定の交通方法に従わないときは，例えば，第3条第1項の航法規定を適用しようとするときに，明石海峡航路をこれに沿って航行しているが左側航行しているときは，第3条第3項の規定により，「航路をこれに沿って航行している船舶」とみなされないことに，特に注意しなければならない。（§ 2–3参照）

第4節　航路以外の海域における航法

第25条　海上保安庁長官は，狭い水道（航路を除く。）をこれに沿って航行する船舶がその右側の水域を航行することが，地形，潮流その他の自然的条件又は船舶交通の状況により，危険を生ずるおそれがあり，又は実行に適しないと認められるときは，告示により，当該水道をこれに沿って航行する船舶の航行に適する経路（当該水道への出入の経路を含む。）を指定することができる。

2　海上保安庁長官は，地形，潮流その他の自然的条件，工作物の設置状況又は船舶交通の状況により，船舶の航行の安全を確保するために船舶交通の整理を行う必要がある海域（航路を除く。）について，告示により，当該海域を航行する船舶の航行に適する経路を指定することができる。

3　第1項の水道をこれに沿って航行する船舶又は前項に規定する海域を航行する船舶は，できる限り，それぞれ，第1項又は前項の経路によって航行しなければならない。

§ 2-45　航路以外の海域における航法（第25条）

本条は，①海上保安庁長官は，狭い水道（航路を除く。）において，自然的条件等により，船舶の航行に危険を生ずるおそれがあるときは，告示により，船舶の航行に適する経路（水道への出入の経路を含む。）を指定することができること（第1項），及び②同長官は，自然的条件，工作物の設置状況等により，船舶交通の整理を行う必要がある海域（航路を除く。）について，告示により，航行に適する経路を指定することができること（第2項）を定め，また，③船舶は，できる限り，第1項又は第2項の経路によって航行する義務があることを定めたものである。

(1) 狭い水道（航路を除く。）の経路の指定（第1項）

海交法の狭い水道（航路を除く。）においては，予防法第9条第1項（狭い水道等の右側端航行）の規定では船舶交通の安全を確保することができない場合があるので，経路の指定の規定を設けたものである。

第1項の経路を指定した告示としては，現在大畠瀬戸（山口県）の指定経

路がある。（図2･87）

大畠瀬戸に経路を指定したのは，大島大橋の橋脚が存在するとか，可航幅が狭い，潮流が速い，交通量が多い，険礁が散在しているなどの悪条件があるので，予防法の狭い水道等の航法のみでは十分でないからである。

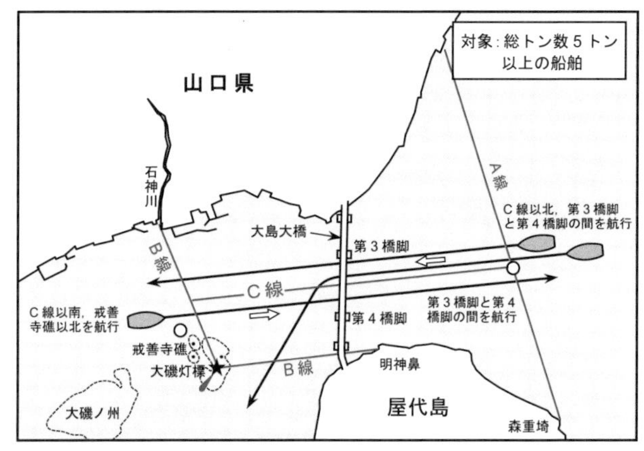

図2･87 狭い水道（航路を除く。）の経路の指定（大畠瀬戸）

大畠瀬戸における経路の指定に関する告示

（昭和50年海上保安庁告示第59号，最近改正平成14年同告示第101号）（概要）

(1) 図のA線，B線の順に横切って航行しようとする総トン数5トン以上の船舶（西行船）は，次の各号によらなければならない。

① C線以北の海域を航行すること。ただし，大島大橋の橋脚付近の海域において他の船舶と行き会わないときは，この限りでない。

② 大島大橋の第3橋脚と第4橋脚との間を経て航行すること。

(2) 図のB線，A線の順に横切って航行しようとする総トン数5トン以上の船舶（東行船）は，次の各号によらなければならない。

① C線以南の海域を航行すること。ただし，大島大橋の橋脚付近の海域において他の船舶と行き会わないときは，この限りでない。

② 大島大橋の第3橋脚と第4橋脚との間を経て航行すること。

③ 戒善寺礁北方の海域を経て航行すること。

(2) 船舶交通の整理を行う必要のある海域（航路を除く。）の経路の指定（第2項）

海交法において，狭い水道（航路を除く。）ではなく，船舶交通の整理を行う必要がある海域（航路を除く。）の経路の指定の告示（具体例）をあげると，次のとおりである。（図2･87の2）

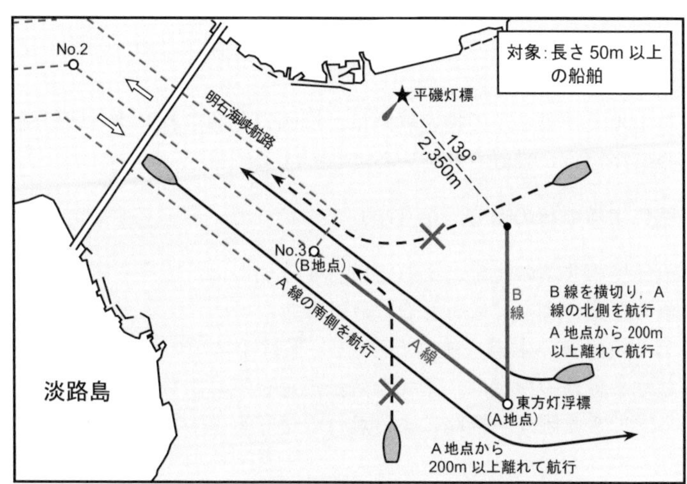

図2･87の2　海域（航路を除く。）の経路の指定
（明石海峡航路東側出入口付近海域）

明石海峡航路東側出入口付近海域における経路
（平成22年海上保安庁告示第92号）

(1) 明石海峡航路の東側の出入口の境界線を横切って航行し，同航路をこれに沿って西の方向に航行しようとする長さ50メートル以上の船舶は，次の①から③に定めるところによること。
- ① 平磯灯標から160度4,550メートルの地点（以下「A地点」という。）及び同灯標から215度2,700メートルの地点（以下「B地点」という。）まで引いた線（以下「A線」という。）の北側の海域を航行すること。
- ② 平磯灯標から139度2,350メートルの地点から180度2,300メートルの地点まで引いた線を横切って航行すること。
- ③ A地点から200メートル以上離れた海域を航行すること。

(2) 明石海峡航路をこれに沿って東の方向に航行し，同航路の東側の出入口の境界線を横切って同航路外に出た長さ50メートル以上の船舶は，次の①及び②に定めるところによること。
① A線の南側の海域を航行すること。
② A地点から200メートル以上離れた海域を航行すること。

◆ 同告示は，上記海域の経路を含めて，12の海域における経路を指定している。（p.212～216に上記以外の海域における経路を略図で示す。）

これらの海域は，船舶の進路が複雑に交差するなど船舶交通がふくそうするところであるので，船舶交通の安全確保のため，経路の指定を定めたものである。

◆ 第1項及び第2項の指定経路は，海図に記載され，また同経路を示すため航路標識が設置されている。（第44条，第45条）

(3) 経路による航行の遵守（第3項）

第1項又は第2項の規定によって航行する船舶は，できる限り，第1項又は第2項の経路によって航行しなければならない。

◆ 第1項の狭い水道（航路を除く。）又は第2項の海域（航路を除く。）における経路の指定は，重要な航法規定を定めたもので，当然のことながら，できる限り，経路による航行の遵守を求めたものである。

【注】 漢字及び送り仮名

(1) びょう泊のびょう（錨）などは，常用漢字にないが，航海法規でよく用いるので，本書では漢字を用いた。また，「すみやかに」は，「速やかに」と改まった。

(2) 送り仮名は，時に改正が加えられているので，条文は制定・改正の時期により新旧のものが混在しているが，条文はすべてそのまま掲げている。例えば，

行なう（旧）	行き会い（旧）
行う　（新）	行会い　（新）

第5節　危険防止のための交通制限等

第26条　海上保安庁長官は，工事若しくは作業の実施により又は船舶の沈没等の船舶交通の障害の発生により，船舶交通の危険が生じ，又は生ずるおそれがある海域について，告示により，期間を定めて，当該海域において航行し，停留し，又はびょう泊をすることができる船舶又は時間を制限することができる。ただし，当該海域において航行し，停留し，又はびょう泊をすることができる船舶又は時間を制限する緊急の必要がある場合において，告示により定めるいとまがないときは，他の適当な方法によることができる。

2　海上保安庁長官は，航路又はその周辺の海域について前項の処分をした場合において，当該航路における船舶交通の危険を防止するため特に必要があると認めるときは，告示（同項ただし書に規定する方法により同項の規定による処分をした場合においては，当該方法）により，期間及び航路の区間を定めて，第4条，第8条，第9条，第11条，第13条，第15条，第16条，第18条（第4項を除く。），第20条第1項又は第21条第1項の規定による交通方法と異なる交通方法を定めることができる。

3　前項の場合において，海上保安庁長官は，同項の航路が，宇高東航路又は宇高西航路であるときは宇高西航路又は宇高東航路についても，備讃瀬戸北航路又は備讃瀬戸南航路であるときは備讃瀬戸南航路又は備讃瀬戸北航路についても同項の処分をすることができる。

§2-46　危険防止のための交通制限等（第26条）

本条は，工事等の実施や船舶の沈没等による危険を防止するため，海上保安庁長官が①臨時に交通を制限することができること，②その交通制限が航路及びその周辺の海域である場合には，規定の交通方法と異なる交通方法を臨時に定めることができることを定めたものである。

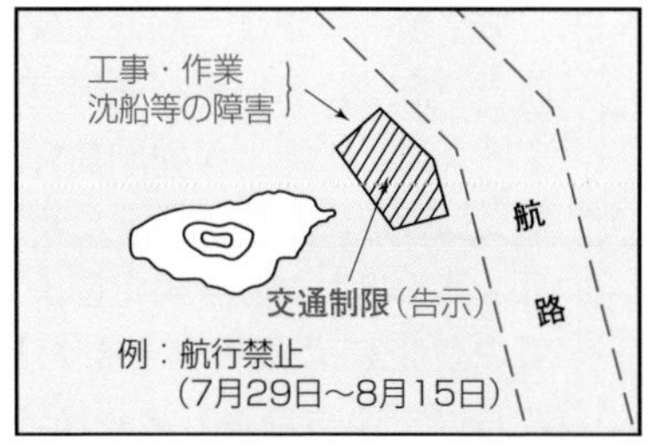

図2·88　工事等による交通制限

(1) 交通制限（第1項）

第1項の規定により，海上保安庁長官は，告示により，交通制限をすることができる。（図2･88）

具体例

海上保安庁告示（令和○○年第○○号）

○○海峡における○○瀬撤去工事の実施に伴う船舶の
航行の制限に関する告示

次の表の左欄に掲げる海域については，同表の中欄に掲げる期間，同表の右欄に掲げる船舶の航行を禁止する。　海上保安庁長官

海　域	期　間	船　舶
次に掲げる地点を順次に結んだ線及び第1号と第4号の地点とを結んだ線により囲まれた海域 (1) 甲ノ島三角点から330度1,660メートルの地点 (2) 甲ノ島三角点から335度1,540メートルの地点 (3) 甲ノ島三角点から332度1,300メートルの地点 (4) 甲ノ島三角点から322度30分980メートルの地点	令和○○年9月8日から令和○○年1月17日まで。	○○瀬撤去工事に従事する船舶以外の船舶

◆ 従来は，船舶交通の制限対象としては「航行」のみであったが，交通障害が発生した場合に，より効果的な交通制限を行うため，令和3年に「停留」及び「びょう泊」が追加された。

◆ ただし書規定により，当該海域を航行することができる船舶など一定の場合において，告示により定めるいとまがないときは，他の適当な方法によることができる。

(2) 交通方法の臨時的変更（第2項・第3項）

(1) 第2項の規定は，航路又はその周辺の海域において交通制限をする場合には，海上保安庁長官は船舶交通の危険を防止するため，告示（第1項ただし書規定により同項の規定による処分をした場合においては，当該方法）により，第4条など一定の規定による交通

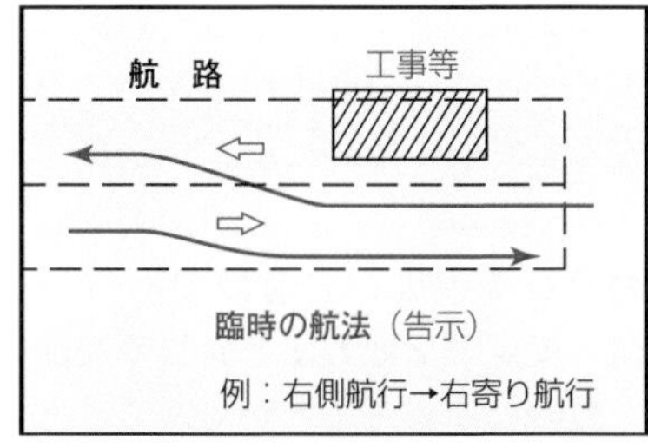

図2･89　交通方法の臨時的変更

方法と異なる交通方法を定めることができることを定めたものである。（図2･89）

◘　第1項又は第2項の規定による告示が定められた場合は，水路通報その他適切な手段により，関係者に対し，その周知が図られる。（則第31条）

(2)　第3項の規定は，前記の一定の規定による交通方法と異なる交通方法を臨時的に定めた場合（第2項）において，その航路が宇高東航路，宇高西航路，備讃瀬戸北航路又は備讃瀬戸南航路であるときは，宇高東航路と宇高西航路とは，また備讃瀬戸北航路と備讃瀬戸南航路とは，それぞれ一方通航の一対をなす航路であるから，海上保安庁長官は，一対の航路のうちの1つの航路に規定と異なる交通方法を定めたときは，一対の他の航路にも，規定と異なる交通方法を定めることができる旨を定めたものである。

◘　例えば，宇高西航路で仮に大工事をした場合に，一定の期間，一定の船舶を宇高東航路に回し同航路で南航もさせ，臨時的に同航路において北航船も南航船も右寄り航行の交通方法とするようなものである。

第6節　灯火等

第27条　巨大船及び危険物積載船の灯火等

第27条　巨大船及び危険物積載船は，航行し，停留し，又はびょう泊をしているときは，国土交通省令で定めるところにより灯火又は標識を表示しなければならない。

2　巨大船及び危険物積載船以外の船舶は，前項の灯火若しくは標識又はこれと誤認される灯火若しくは標識を表示してはならない。

§2-47　巨大船・危険物積載船の灯火等（第27条）

本条は，巨大船及び危険物積載船の灯火等について定めたものである。

(1) 灯火・標識（第1項）

航行中・停留中・錨泊中に表示しなければならない「国土交通省令で定める灯火・標識」（則第22条）は，次のとおりである。

(1)　巨大船

予防法上の灯火又は形象物に加えて，次のものを表示しなければならない。（図2･90，図2･91）

夜間	一定の間隔で毎分180回以上200回以下の閃光を発する緑色の全周灯（2海里以上）	1個	最も見えやすい場所
昼間	黒色の円筒形の形象物	2個連掲	最も見えやすい場所

図2･90　巨大船の灯火

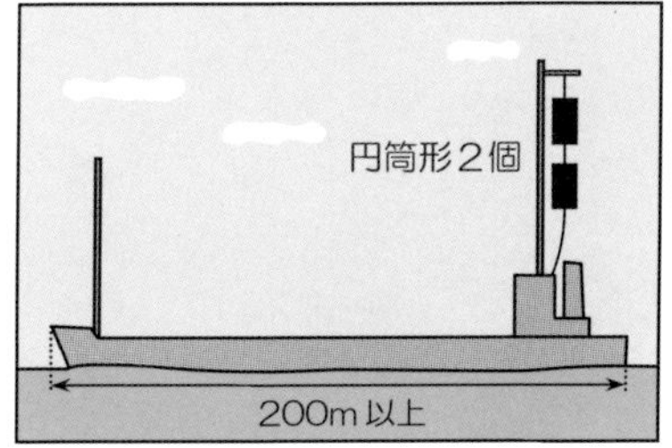

図2･91　巨大船の標識

⑵　危険物積載船

予防法上の灯火又は形象物に加えて，次のものを表示しなければならない。（図2・92，図2・93）

夜間	一定の間隔で毎分120回以上140回以下の閃光を発する紅色の全周灯（2海里以上）	1個	最も見えやすい場所
昼間	第1代表旗（上方） B旗（下方）	連掲	最も見えやすい場所

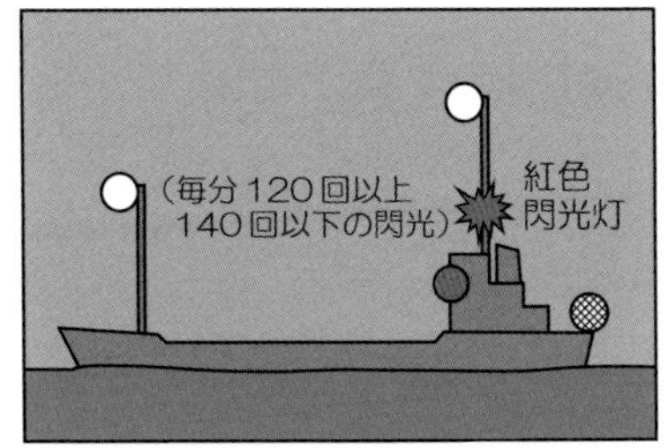

図2・92　危険物積載船の灯火

図2・93　危険物積載船の標識

【注】⑴　巨大船であり，かつ危険物積載船である船舶は，これら両方の灯火又は標識を表示する。また，これらの船舶が喫水制限船（予防法）に該当する場合は，紅色の全周灯3個又は黒色の円筒形の形象物1個を表示することができる。

⑵　危険物船舶運送及び貯蔵規則（第5条の7）は，海交法の危険物積載船が上記の灯火又は標識を掲げている場合は，同規則に定める赤灯又は赤旗（湖川港内を航行中・停泊中）を掲げなくてよい，と定めている。

(2)　誤認される灯火等の表示の禁止（第2項）

第2項の規定は，予防法第20条第1項（法定灯火以外の灯火の表示禁止）の規定から当然のことであるが，特に注意喚起のために明文化したものである。

◆　巨大船であるか否かによって船舶間に適用すべき航法規定（航路）が異なり，また危険物積載船の灯火又は標識は積載物の危険性を示すものであるから，これらの船舶以外の船舶が紛らわしい灯火又は標識を表示すると，他の船舶に誤解を与え，船舶間に認識の不一致が生じて極めて危険であるから，特に明示したものである。

【注】 危険物積載船等の特別な灯火をまとめると，次の表のとおりである。

危険物積載船	紅色閃光灯・毎分120回～140回
緊急船舶	紅色閃光灯・毎分180回～200回
進路警戒船・側方警戒船	緑色閃光灯・毎分120回～140回
巨大船	緑色閃光灯・毎分180回～200回

第28条 帆船の灯火等

第28条 航路又は政令で定める海域において航行し，又は停留している海上衝突予防法第25条第2項本文及び第5項本文に規定する船舶は，これらの規定又は同条第3項の規定による灯火を表示している場合を除き，同条第2項ただし書及び第5項ただし書の規定にかかわらず，これらの規定に規定する白色の携帯電灯又は点火した白灯を周囲から最も見えやすい場所に表示しなければならない。

2 航路又は前項の政令で定める海域において航行し，停留し，又はびょう泊をしている長さ12メートル未満の船舶については，海上衝突予防法第27条第1項ただし書及び第7項の規定は適用しない。

§ 2-48 帆船の灯火等（第28条）

予防法は一定の小型の船舶に対して，①臨時表示を認める灯火や②表示することを要しない灯火を定めているが，航路又は政令で定める海域においては船舶交通がふくそうするので，本条は，その安全を図るため，これらの灯火の常時表示について定めたものである。

(1) 予防法で臨時表示を認められている灯火の常時表示（第1項）

(1) 航行中・停留中の長さ7メートル未満の帆船（図2･94）

灯　火	予防法	海交法
白色の携帯電灯又は点火した白灯	臨時表示（第25条第2項ただし書）	常時表示（本条第1項）

(2)　航行中・停留中のろかいを用いている船舶（図2･95）

灯　火	予防法	海交法
白色の携帯電灯又は点火した白灯	臨時表示（第25条第5項ただし書）	常時表示（本条第1項）

◆「政令で定める海域」とは，海交法の適用海域のうち，航路以外の海域である。（令第7条）

したがって，「航路」と「政令で定める海域」とを合わせると，海交法の適用海域（全域）となる。その全域において，上記の灯火は，常時表示となる。

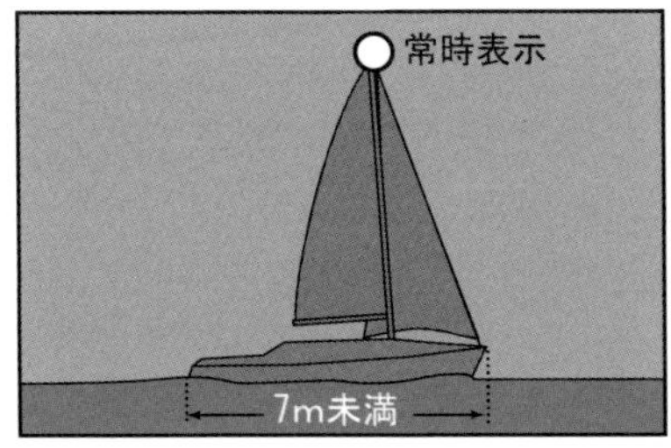

図2･94　長さ7メートル未満の帆船の灯火の常時表示

図2･95　ろかい船の灯火の常時表示

(2) 予防法で表示を要しない灯火の常時表示（第2項）

(1)　航行中・停留中の長さ12メートル未満の運転不自由船

灯　火	予防法	海交法
運転不自由船の灯火	表示を要しない（第27条第1項ただし書）	常時表示（本条第2項）

(2)　航行中・停留中・錨泊中の長さ12メートル未満の操縦性能制限船

灯　火	予防法	海交法
操縦性能制限船の灯火	表示を要しない（第27条第7項）	常時表示（本条第2項）

◆　上記の灯火は，第1項の規定の灯火と同様に，海交法適用海域（全

域）において，常時表示となる。

◆ 本条の灯火の常時表示海域（海交法の適用海域全域）は，海図第6974号（平成24年10月改版）に記載されている。（第44条）

第29条 物件えい航船の音響信号等

> 第29条 海上衝突予防法第35条第4項の規定は，航路又は前条第1項の政令で定める海域において船舶以外の物件を引き又は押して，航行し，又は停留している船舶（当該引き船の船尾から当該物件の後端まで又は当該押し船の船首から当該物件の先端までの距離が国土交通省令で定める距離以上となる場合に限る。）で漁ろうに従事しているもの以外のものについても準用する。
>
> 2 船舶以外の物件を押して，航行し，又は停留している船舶は，その押す物件に国土交通省令で定める灯火を表示しなければ，これを押して，航行し，又は停留してはならない。ただし，やむを得ない事由により当該物件に本文の灯火を表示することができない場合において，当該物件の照明その他その存在を示すために必要な措置を講じているときは，この限りでない。

§ 2-49 物件曳航船の音響信号等（第29条）

本条は，予防法では規定していないところの①物件えい（押）航船の霧中信号及び②押されている物件の灯火について定めたものである。

(1) 物件曳（押）航船の霧中信号（第1項）

海交法の適用海域（航路と政令で定める海域）において航行中・停留中の物件えい（押）航船（漁ろうに従事している船舶を除く。）は，船舶を引き又は押している場合の霧中信号（予防法第35条第4項）と同様に，次の信号を行わなければならない。（図2･96）

2分を超えない間隔で長音・短音・短音（━ ●●）の汽笛信号

◆ 物件えい（押）航船がこの霧中信号を行うのは，①引き船の船尾から物件の後端まで，又は②押し船の船首から物件の先端までの距離が，50

メートル以上の場合に限られる。（則第23条）

(2) 押されている物件の灯火（第2項）

押し船は，押す物件に，予防法の舷灯・両色灯と同様に，次に掲げる灯火（則第23条）を表示しなければ，これを押して，航行・停留してはならない。（図2･97）

則第23条に定める緑灯（右端）・紅灯（左端），又は両色灯（中央部）

ただし，やむを得ない事由により，これらの灯火を表示することができない場合において，物件の照明その他その存在を示すために必要な措置を講じているときは，この限りでない。

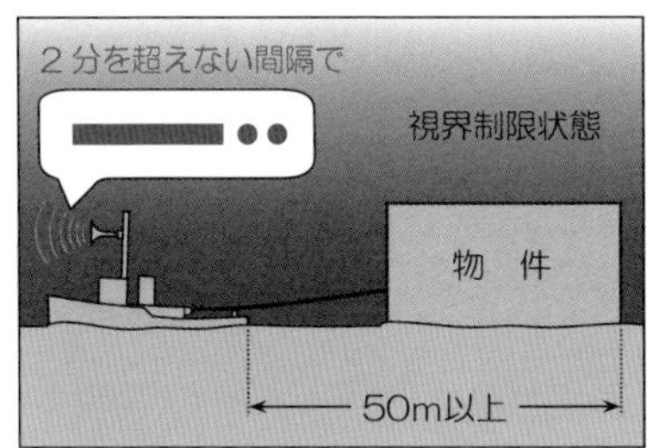

図2･96　物件えい（押）航船の霧中信号

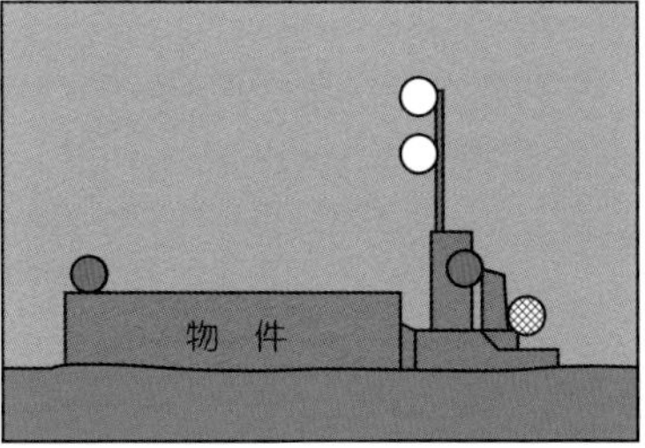

図2･97　押されている物件の灯火

第７節　船舶の安全な航行を援助するための措置

第30条　海上保安庁長官が提供する情報の聴取

第30条　海上保安庁長官は，特定船舶（第４条本文に規定する船舶であって，航路及び当該航路の周辺の特に船舶交通の安全を確保する必要があるものとして国土交通省令で定める海域を航行するものをいう。以下この条及び次条において同じ。）に対し，国土交通省令で定めるところにより，船舶の沈没等の船舶交通の障害の発生に関する情報，他の船舶の進路を避けることが容易でない船舶の航行に関する情報その他の当該航路及び海域を安全に航行するために当該特定船舶において聴取することが必要と認められる情報として国土交通省令で定めるものを提供するものとする。

2　特定船舶は，航路及び前項に規定する海域を航行している間は，同項の規定により提供される情報を聴取しなければならない。ただし，聴取することが困難な場合として国土交通省令で定める場合は，この限りでない。

§ 2-50　海上保安庁長官が提供する情報の聴取（第30条）

本条は，次条（第31条）とともに，船舶の安全な航行を援助するための措置について定めたものである。

(1)　海上保安庁長官による船舶の安全な航行を援助するための情報の提供（第１項）

第１項は，「特定船舶」に対する海上保安庁長官による情報の提供について定めている。

1.　特定船舶

特定船舶とは，長さ50メートル以上の船舶（第４条本文，則第３条）であって，航路及び当該航路の周辺の特に船舶交通の安全を確保する必要があるものとして国土交通省令（則第23条の２第１項，別表第3）で定める海域を航行するものをいう。

◘　同海域の具体例は，図2･98～図2･102のとおりである。

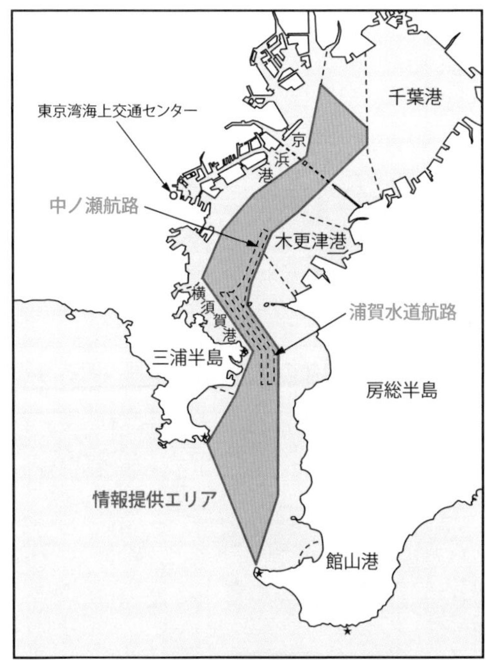

図 2･98　特定船舶の適用航路・海域（東京湾）

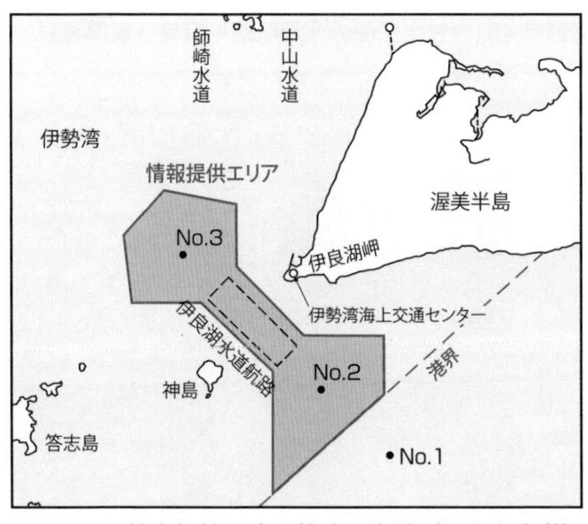

図 2･99　特定船舶の適用航路・海域（伊良湖水道）

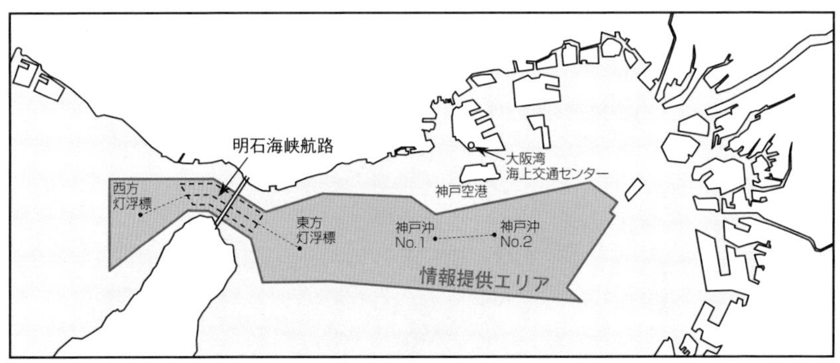

図 2・100　特定船舶の適用航路・海域（明石海峡）

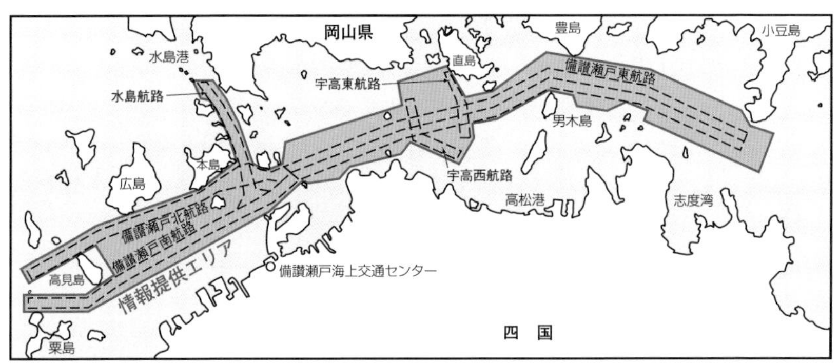

図 2・101　特定船舶の適用航路・海域（備讃瀬戸）

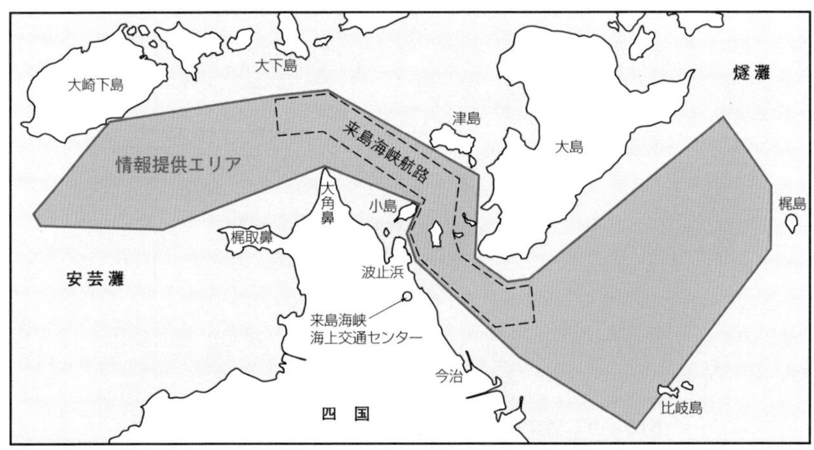

図 2・102　特定船舶の適用航路・海域（来島海峡）

◆　この情報の提供は，告示で定めるところにより，VHF無線電話により行われる。（§2-51【注】参照）

2.　海上保安庁長官が提供する情報

海上保安庁長官は，船舶交通の障害の発生等に関する情報であって，国土交通省令（則第23条の2第3項）で定める次に掲げるものを提供する。

① 特定船舶が航路及び第1項に規定する海域において適用される交通方法に従わないで航行するおそれがあると認められる場合における，当該交通方法に関する情報

② 船舶の沈没，航路標識の機能の障害その他の船舶交通の障害であって，特定船舶の航行の安全に著しい支障を及ぼすおそれのあるものの発生に関する情報

③ 特定船舶が，工事又は作業が行われている海域，水深が著しく浅い海域その他の特定船舶が安全に航行することが困難な海域に著しく接近するおそれがある場合における，当該海域に関する情報

④ 他の船舶の進路を避けることが容易でない船舶であって，その航行により特定船舶の航行の安全に著しい支障を及ぼすおそれのあるものに関する情報

⑤ 特定船舶が他の特定船舶に著しく接近するおそれがあると認められる場合における，当該他の特定船舶に関する情報

⑥ 前各号に掲げるもののほか，特定船舶において聴取することが必要と認められる情報

(2) 特定船舶の情報の聴取義務（第2項）

第2項は，特定船舶が第1項の航路及び海域を航行している間は，同項の情報を聴取しなければならないことを定めている。

ただし，聴取することが困難な場合は，この限りでない。

◆　ただし書規定の「情報の聴守が困難な場合」とは，次のとおりである。（則第23条の3）

① VHF無線電話を備えていない場合

② 電話の伝搬障害等によりVHF無線電話による通信が困難な場合

③ 他の船舶等とVHF無線電話による通信を行っている場合

第31条 航法の遵守及び危険の防止のための勧告

> 第31条 海上保安庁長官は，特定船舶が航路及び前条第1項に規定する海域において適用される交通方法に従わないで航行するおそれがあると認める場合又は他の船舶若しくは障害物に著しく接近するおそれその他の特定船舶の航行に危険が生ずるおそれがあると認める場合において，当該交通方法を遵守させ，又は当該危険を防止するため必要があると認めるときは，必要な限度において，当該特定船舶に対し，国土交通省令で定めるところにより，進路の変更その他の必要な措置を講ずべきことを勧告することができる。
>
> 2 海上保安庁長官は，必要があると認めるときは，前項の規定による勧告を受けた特定船舶に対し，その勧告に基づき講じた措置について報告を求めることができる。

§ 2-51 航法の遵守及び危険の防止のための勧告（第31条）

本条は，前条と同様に，船舶の安全な航行を援助するための措置について定めたものである。

(1) 航法の遵守及び危険の防止のための勧告（第1項）

海上保安庁長官は，特定船舶が，①航路及び前条第1項に規定する海域において適用される交通方法に従わないで航行するおそれがあると認める場合又は②他の船舶若しくは障害物に著しく接近するおそれその他の特定船舶の航行に危険が生ずるおそれがあると認める場合において，次に掲げる勧告をすることができる。

すなわち，海上保安庁長官は，当該交通方法を遵守させ，又は当該危険を防止するため必要があると認めるときは，必要な限度において，当該特定船舶に対し，国土交通省令で定めるところにより，進路の変更その他の必要な措置を講ずべきことを勧告することができる。

◘ 第1項の規定による勧告は，告示の定めるところにより，VHF無線電話その他の適切な方法により行われる。(則第23条の4)

(2) 勧告を受けた特定船舶の講じた措置の報告（第2項）

海上保安庁長官は，必要があると認めるときは，勧告を受けた特定船舶に対し，その勧告に基づき講じた措置について報告を求めることができる。

◇ その勧告に対する報告は，勧告を受けた特定船舶がとった措置について，危険を防止するため具体的にどのような動作をとったかを確かめ，かつ同勧告は適切なものであったかどうかを検討して，今後の危険の防止に役立てようとするものである。

【注】 各海上交通センターが運用する船舶通航信号所及び同センターが行う情報の提供等の方法に関する告示

以下の告示は，下記の各海上交通センターが運用する船舶通航信号所について周知するとともに，海交法施行規則の規定による情報の提供，勧告及び指示の実効性を向上させ，もって，船舶の安全な航行に役立てようとするものである。

⑴ 東京湾海上交通センターが運用する横浜船舶通航信号所及び同センターが行う情報の提供等の方法に関する告示（平成30年海上保安庁告示第5号，最近改正令和5年同告示第53号）

⑵ 伊勢湾海上交通センター関係の同告示（平成22年同告示第166号，最近改正令和4年同告示第39号）

⑶ 備讃瀬戸海上交通センター関係の同告示（同第168号，最近改正令和2年同告示第13号）

⑷ 来島海峡海上交通センター関係の同告示（同第169号，最近改正同上）

⑸ 大阪湾海上交通センター関係の同告示（令和5年同告示第1号，最近改正令和6年同告示第5号）

海上交通センター名称	船舶通航信号所名称	呼出名称
東京湾海上交通センター	横浜船舶通航信号所	とうきょうマーチス
伊勢湾海上交通センター	伊良湖岬船舶通航信号所	いせわんマーチス
大阪湾海上交通センター	神戸船舶通航信号所	おおさかマーチス
備讃瀬戸海上交通センター	青ノ山船舶通航信号所	びさんマーチス
来島海峡海上交通センター	今治船舶通航信号所	くるしまマーチス

これらの告示では，次の方法ごとに，内容，通信の冒頭に冠する通信符号等が定められている。

① 一般情報（船舶を特定せずに行われる情報）の提供の方法：MF無線電話，インターネット・ホームページ又はAIS

② 船舶を特定して行われる情報の提供の方法：VHF無線電話又はAIS

③ 特定船舶等に対する情報の提供（則第23条の2第2項，則第23条の5第2項，則第23条の9第1項）の方法：VHF無線電話

④ 勧告（則第23条の4，則第23条の7）の方法：VHF無線電話又は電話

⑤ 航路外待機の指示（則第8条第1項）の方法：VHF無線電話又は電話

なお，この告示の定めるところによりセンターが行う情報の提供，勧告及び指示を受けるに当たっては，VHFの常時聴取の推奨や提供情報等の制約の他，次に掲げる事項等に留意しなければならないと規定されている。

① 情報の提供は，船舶の安全な航行等を援助するため，船舶に対し，センターにおいて観測された事実及び状況等を伝えるものであり，操船上の指示をするものではないこと。

② 勧告は，船舶の安全な航行等を援助するため，船舶に対し，進路の変更その他の必要な措置を促すものであり，操船上の指示をするものではないこと。

第8節　異常気象等時における措置

第32条　異常気象等時における航行制限等

> 第32条　海上保安庁長官は，台風，津波その他の異常な気象又は海象（以下「異常気象等」という。）により，船舶の正常な運航が阻害され，船舶の衝突又は乗揚げその他の船舶交通の危険が生じ，又は生ずるおそれがある海域について，当該海域における危険を防止するため必要があると認めるときは，必要な限度において，次に掲げる措置をとることができる。
>
> (1)　当該海域に進行してくる船舶の航行を制限し，又は禁止すること。
>
> (2)　当該海域の境界付近にある船舶に対し，停泊する場所若しくは方法を指定し，移動を制限し，又は当該境界付近から退去することを命ずること。
>
> (3)　当該海域にある船舶に対し，停泊する場所若しくは方法を指定し，移動を制限し，当該海域内における移動を命じ，又は当該海域から退去することを命ずること。
>
> 2　海上保安庁長官は，異常気象等により，船舶の正常な運航が阻害され，船舶の衝突又は乗揚げその他の船舶交通の危険が生ずるおそれがあると予想される海域について，必要があると認めるときは，当該海域又は当該海域の境界付近にある船舶に対し，危険の防止の円滑な実施のために必要な措置を講ずべきことを勧告することができる。

§2-51の2　異常気象等の発生時における船舶交通の危険防止（第32条）

本条は，特に勢力の大きい台風や津波の来襲といった異常な気象又は海象（異常気象等）の発生時に，船舶の走錨等による海上空港や橋梁等の海上施設又は他の船舶への衝突などの船舶交通の危険を防止するため，航行制限等の措置について定めたものである。

異常気象等の発生時において，海上保安庁長官は，次の措置をとることができる。

(1)　船舶の正常な運航が阻害され，船舶交通の危険が生じ，又はそのおそれがある海域についての措置（第１項）

⑴　当該海域に進行してくる船舶の航行を制限し，又は禁止すること。

⑵　当該海域の境界付近にある船舶に対し，停泊する場所若しくは方法を指定し，移動を制限し，又は当該境界付近から退去することを命ずること。

⑶　当該海域にある船舶に対し，停泊する場所若しくは方法を指定し，移動を制限し，当該海域内における移動を命じ，又は当該海域から退去することを命ずること。

(2)　船舶の正常な運航が阻害され，船舶交通の危険が生じるおそれがあると予想される海域についての措置（第２項）

当該海域又はその境界付近にある船舶に対し，危険の防止の円滑な実施に必要な措置を講ずべきことを勧告する。例えば，以下の措置を勧告する。

①　特に勢力の大きな台風の直撃が予測される場合などに，大型船等の一定の船舶に対して，湾内からの退去や入湾の回避。

②　湾内にある海上空港等の重要施設の周辺海域等，一定の海域における錨泊の自粛。

③　錨泊船舶に対して，機関や予備錨の準備等の走錨対策の強化。

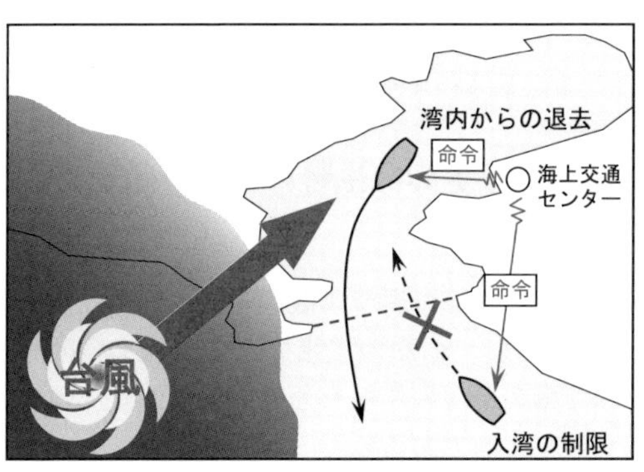

図 2･103　異常気象等の発生時における措置

◇　近年，大型台風等の異常気象が頻発・激甚化する中，大阪湾及び東京湾において，走錨した船舶が，橋梁等の海上施設や他の船舶へ衝突する事故が複数発生した。こうした事故を未然に防止するためには，走錨のおそれのある船舶を早期に湾外等の安全な海域に避難させたり，海上施設の周辺海域における船舶の航行又は錨泊の制限等を行ったりする措置が必要であることから，本条の規定が設けられた。

第33条　異常気象等時特定船舶に対する情報の提供等

第33条　海上保安庁長官は，異常気象等により，船舶の正常な運航が阻害されることによる船舶の衝突又は乗揚げその他の船舶交通の危険を防止するため必要があると認めるときは，異常気象等時特定船舶（第4条本文に規定する船舶であって，異常気象等が発生した場合に特に船舶交通の安全を確保する必要があるものとして国土交通省令で定める海域において航行し，停留し，又はびょう泊をしているものをいう。以下この条及び次条において同じ。）に対し，国土交通省令で定めるところにより，当該異常気象等時特定船舶の進路前方にびょう泊をしている他の船舶に関する情報，当該異常気象等時特定船舶のびょう泊に異状が生ずるおそれに関する情報その他の当該海域において安全に航行し，停留し，又はびょう泊をするために当該異常気象等時特定船舶において聴取することが必要と認められる情報として国土交通省令で定めるものを提供するものとする。

2　前項の規定により情報を提供する期間は，海上保安庁長官がこれを公示する。

3　異常気象等時特定船舶は，第1項に規定する海域において航行し，停留し，又はびょう泊をしている間は，同項の規定により提供される情報を聴取しなければならない。ただし，聴取することが困難な場合として国土交通省令で定める場合は，この限りでない。

§2-51の3 異常気象等の発生時における情報の提供等（第33条）

本条は，次条（第34条）とともに，異常気象等が発生した場合に，海上にある重要施設の周辺等の特に船舶交通の安全を確保する必要がある海域において，船舶の安全な航行等を援助するための措置について定めたものである。

(1) 海上保安庁長官による船舶の安全な航行等を援助するための情報の提供（第1項）

第1項は，「異常気象等時特定船舶」に対する海上保安庁長官による情報の提供について定めている。

1. 異常気象等時特定船舶（第1項前段）

異常気象等時特定船舶とは，下記のいずれにも該当する船舶である。

⑴ 長さ50メートル以上の船舶（第4条，則第3条）

⑵ 国土交通省令で定める海域において航行し，停留し，又は錨泊をしている船舶

国土交通省令で定める海域としては，現在のところ，「東京湾アクアライン周辺海域」（図2·104参照）及び「関西国際空港周辺海域」（図2·105参照）が定められている。（則第23条の5第1項，別表第4）

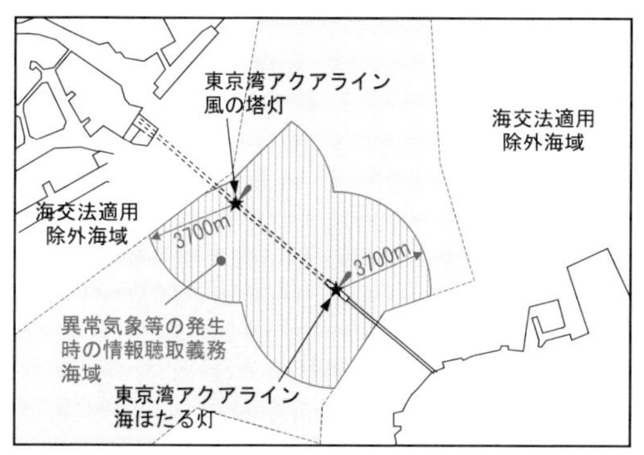

図2·104 異常気象等の発生時の走錨対策強化海域（東京湾アクアライン周辺）

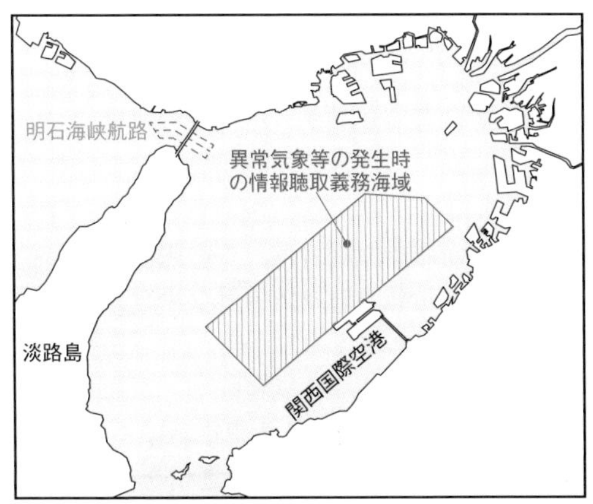

図 2・105　異常気象等の発生時の走錨対策強化海域
（関西国際空港周辺海域）

2.　海上保安庁長官が提供する情報（第1項前段）

海上保安庁長官は，国土交通省令（則第23条の5第3項）で定める次に掲げる情報を提供する。

① 異常気象等時特定船舶の進路前方に錨泊をしている他の船舶に関する情報

② 異常気象等時特定船舶の錨泊に異状が生ずるおそれに関する情報

③ 異常気象等時特定船舶の周辺に錨泊をしている他の異常気象等時特定船舶の錨泊の異状の発生又は発生のおそれに関する情報

④ 船舶の沈没，航路標識の機能の障害その他の船舶交通の障害であって，異常気象等時特定船舶の航行，停留又は錨泊の安全に著しい支障を及ぼすおそれのあるものの発生に関する情報

⑤ 上記に掲げるもののほか，当該海域において安全に航行し，停留し，又は錨泊をするために異常気象等時特定船舶において聴取することが必要と認められる情報

◘ この情報の提供は，告示で定めるところにより，VHF無線電話によって行われる。(則第23条の5第2項）（§ 2-51【注】参照）

(2) 情報提供の期間（第2項）

情報を提供する期間は，海上保安庁長官が公示する。

(3) 異常気象等時特定船舶の情報の聴取義務（第3項）

第3項は，異常気象等時特定船舶が，第1項の海域において航行し，停留し，又は錨泊をしている間は，同項の情報を聴取しなければならないことを定めている。

ただし，聴取することが困難な場合は，この限りでない。

◆ ただし書規定の「情報の聴取が困難な場合」とは，次のとおりである。(則第23条の6)

① VHF無線電話を備えていない場合
② 電波の伝搬障害等によりVHF無線電話による通信が困難な場合
③ 他の船舶等とVHF無線電話による通信を行っている場合

第34条　異常気象等時特定船舶に対する危険の防止のための勧告

第34条　海上保安庁長官は，異常気象等により，異常気象等時特定船舶が他の船舶又は工作物に著しく接近するおそれその他の異常気象等時特定船舶の航行，停留又はびょう泊に危険が生ずるおそれがあると認める場合において，当該危険を防止するため必要があると認めるときは，必要な限度において，当該異常気象等時特定船舶に対し，国土交通省令で定めるところにより，進路の変更その他の必要な措置を講ずべきことを勧告することができる。

2　海上保安庁長官は，必要があると認めるときは，前項の規定による勧告を受けた異常気象等時特定船舶に対し，その勧告に基づき講じた措置について報告を求めることができる。

§ 2-51の4　異常気象等時特定船舶に対する危険の防止のための勧告（第34条）

本条は，前条と同様に，異常気象等が発生した場合に，海上にある重要施設の周辺等の特に船舶交通の安全を確保する必要がある海域において，船舶の安全な航行等を援助するための措置について定めたものである。

(1) 海上保安庁長官による異常気象等時特定船舶に対する勧告（第1項）

海上保安庁長官は，異常な気象又は海象の発生時において，異常気象等時特定船舶が，他の船舶又は工作物に著しく接近するおそれその他の異常気象等時特定船舶の航行，停留又は錨泊に危険が生ずるおそれがあると認める場合において，その危険を回避するために，当該異常気象等時特定船舶に対し，国土交通省令で定めるところにより，進路の変更その他の必要な措置を講ずべきことを勧告することができる。

◘ 第1項の規定による勧告は，告示で定めるところにより，VHF無線電話その他の適切な方法により行われる。(則第23条の7)（§2-51【注】参照）

(2) 勧告を受けた異常気象等時特定船舶が講じた措置の報告（第2項）

海上保安庁長官は，必要があると認めるときは，勧告を受けた異常気象等時特定船舶に対し，その勧告に基づき講じた措置について報告を求めることができる。

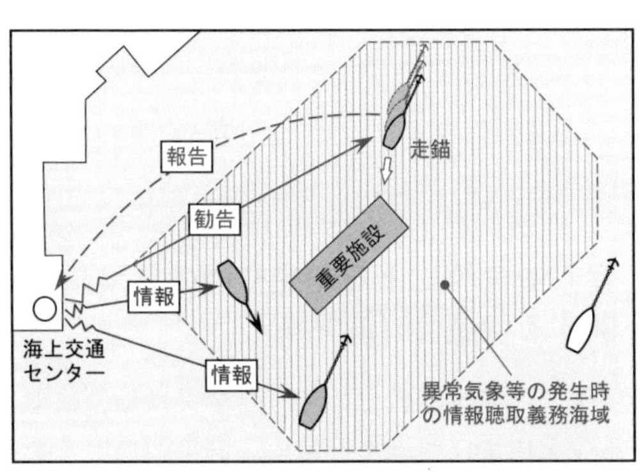

図2･106　異常気象等時特定船舶に対する援助

◘ 従来は，船舶の安全な航行を援助するための情報提供や勧告等の制度は，海上の重要施設の有無とは関係なく航路及びその周辺海域を航行する船舶にのみ適用されていた（第30条，第31条）。しかし異常気象等の発生時には，重要施設の周辺等の特に船舶交通の安全を確保する必要がある海域の船舶（航行，停留又は錨泊船舶）に対しても，同様の援助がなされる制度が必要であることから，前条及び本条の規定が設けられた。

第35条　協議会

第35条　海上保安庁長官は，湾その他の海域ごとに，異常気象等により，船舶の正常な運航が阻害されることによる船舶の衝突又は乗揚げその他の船舶交通の危険を防止するための対策の実施に関し必要な協議を行うための協議会（以下この条において単に「協議会」という。）を組織することができる。

2　協議会は，次に掲げる者をもって構成する。

(1)　海上保安庁長官

(2)　関係地方行政機関の長

(3)　船舶の運航に関係する者その他の海上保安庁長官が必要と認める者

3　協議会において協議が調った事項については，協議会の構成員は，その協議の結果を尊重しなければならない。

4　前3項に定めるもののほか，協議会の運営に関し必要な事項は，協議会が定める。

§2-51の5　異常気象等による船舶交通の危険防止対策の実施に関する協議会（第35条）

本条は，異常気象等の発生時において，命令又は勧告による船舶の湾外避難や走錨防止対策等を円滑に実施するため，海事関係者によってあらかじめ必要な協議を行う協議会を，海上保安庁長官が組織することができることを定めたものである。

(1)　協議会における協議事項の例（第1項）

湾その他湾内の一定の海域ごとに組織された協議会において，具体的には以下の事項の協議が想定されている。

①　安全な避難時期及び避難方法

② 走錨事故の防止対策をとるべき海域の選定及び対策の内容
③ 異常気象等に関する情報の共有
④ 勧告発令等に係る連絡・周知体制の構築
⑤ その他必要な事項

(2) 協議会の構成員（第２項）

第２項に掲げる者で構成されるが，具体的には以下の機関，団体又は関係者からなる。

① 海上保安庁（管区海上保安本部，海上保安部署）
② 関係地方行政機関
③ 船舶運航関係者・団体（船舶運航事業者，水先人会，タグボート会社，船舶代理店等）
④ 港湾関係者・団体
⑤ その他

(3) 協議結果の尊重（第３項）

湾外避難等の実施に当たっては，関係者が連携・協力し実効性を持たせる必要があるため，協議結果に対しては尊重する義務が課せられている。

第 9 節　指定海域における措置

第 36 条　指定海域への入域に関する通報

第 36 条　第 4 条本文に規定する船舶が指定海域に入域しようとするときは，船長は，国土交通省令で定めるところにより，当該船舶の名称その他の国土交通省令で定める事項を海上保安庁長官に通報しなければならない。

§ 2–52　指定海域への入域に関する通報（第 36 条）

本条は，海上保安庁長官が指定海域を航行する船舶の情報を把握し，非常災害の発生時に船舶交通の混乱を防止したり，平時において指定港（港則法第 3 条第 3 項）との一元的な航行管制を行い混雑を緩和したりするため，同海域に入域する船舶の船長に対し，通報義務を課すことを定めたものである。

(1) 指定海域入域の通報義務船

指定海域への入域の通報をしなければならない船舶は，第 4 条本文に規定する船舶，即ち長さ 50 メートル以上の船舶のことである。

(2) 指定海域への入域に関する通報事項（則第 23 条の 8，下記の告示）

指定海域に入域しようとするときの通報事項は，次のとおりである。

① 船舶の名称及び長さ
② 船舶の呼出符号
③ 仕向港
④ 船舶の喫水
⑤ 通報の時点における船舶の位置

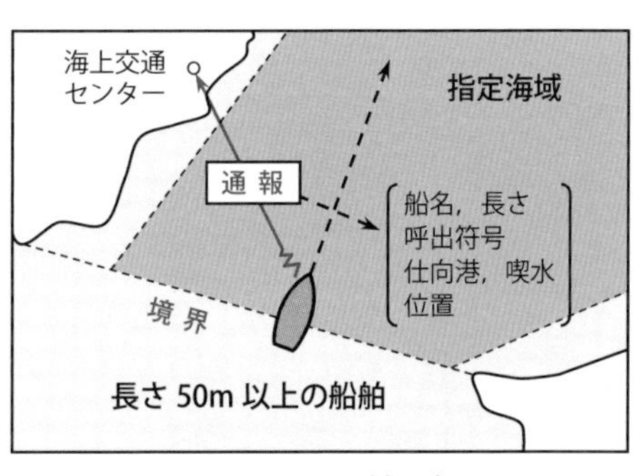

図 2･107　入域通報

(3) 指定海域への入域に関する通報時期，通報先及び通報方法

（則第23条の8，下記の告示）

① 通報時期：船舶が指定海域と他の海域との境界線を横切る時

② 通　報　先：入域する指定海域を担当する海上交通センター

指定海域	通報先
東京湾	東京湾海上交通センター

③ 通報方法：VHF無線電話又は電話

ただし，AISを作動させているときは通報する必要はなく，また簡易型AISを備える船舶にあっては，同装置により送信される事項以外の事項を送信する。

【注】 この通報の方法は，詳しくは，**指定海域の入域に関する通報の方法に関する告示**（平成30年海上保安庁告示第4号，最近改正令和3年同告示第23号）に定められている。

◇ 航路航行の通報との関係：第22条の規定により，巨大船等の船長には航路航行に関する通報義務が課せられているが，本条は巨大船等であるか否か及び航路航行予定の有無に関わらず，指定海域に入域しようとする長さ50メートル以上のすべての船舶に対して通報義務を課している。

第37条　非常災害発生周知措置等

第37条　海上保安庁長官は，非常災害が発生し，これにより指定海域において船舶交通の危険が生ずるおそれがある場合において，当該危険を防止する必要があると認めるときは，直ちに，非常災害が発生した旨及びこれにより当該指定海域において当該危険が生ずるおそれがある旨を当該指定海域及びその周辺海域にある船舶に対し周知させる措置（以下「非常災害発生周知措置」という。）をとらなければならない。

2　海上保安庁長官は，非常災害発生周知措置をとった後，当該指定海域において，当該非常災害の発生により船舶交通の危険が生ずるおそ

れがなくなったと認めるとき，又は当該非常災害の発生により生じた船舶交通の危険がおおむねなくなったと認めるときは，速やかに，その旨を当該指定海域及びその周辺海域にある船舶に対し周知させる措置（次条及び第39条において「非常災害解除周知措置」という。）をとらなければならない。

§ 2-53　非常災害時における海上保安庁長官の措置（第37条）

本条は，非常災害の発生により船舶交通の危険が生ずるおそれがある場合に，その危険を防止するための，措置について定めたものである。

非常災害時において，海上保安庁長官は，指定海域及びその周辺海域にある船舶に対し，次の措置をとる。

(1) 非常災害発生周知措置（第1項）

(1) 非常災害が発生した旨を周知させる措置
(2) 非常災害の発生により，指定海域において船舶交通の危険が生ずるおそれがある旨を周知させる措置

(2) 非常災害解除周知措置（第2項）

(1) 指定海域において，非常災害の発生により船舶交通の危険が生ずるおそれがなくなった旨を周知させる措置
(2) 指定海域において，非常災害の発生により生じた船舶交通の危険がおおむねなくなった旨を周知させる措置

第38条　非常災害発生周知措置がとられた際に海上保安庁長官が提供する情報の聴取

第38条　海上保安庁長官は，非常災害発生周知措置をとったときは，非常災害解除周知措置をとるまでの間，当該非常災害発生周知措置に係る指定海域にある第4条本文に規定する船舶（以下この条において「指定海域内船舶」という。）に対し，国土交通省令で定めるところにより，

> 非常災害の発生の状況に関する情報，船舶交通の制限の実施に関する情報その他の当該指定海域内船舶が航行の安全を確保するために聴取することが必要と認められる情報として国土交通省令で定めるものを提供するものとする。
> 2　指定海域内船舶は，非常災害発生周知措置がとられたときは，非常災害解除周知措置がとられるまでの間，前項の規定により提供される情報を聴取しなければならない。ただし，聴取することが困難な場合として国土交通省令で定める場合は，この限りでない。

§ 2-54　非常災害時における情報の聴取（第38条）

本条は，非常災害の発生時に指定海域における船舶交通の混乱を防止し，航行の安全を確保するための措置について定めたものである。

(1) 海上保安庁長官による航行の安全を確保するための情報の提供（第1項）

第1項は，海上保安庁長官が，非常災害発生周知措置をとったときは，指定海域内船舶に対し，次の情報を提供することを定めている。

1. 指定海域内船舶

指定海域内船舶とは，非常災害発生周知措置に係る指定海域内にある第4条本文に規定する船舶（すなわち，長さ50メートル以上の船舶）をいう。

2. 海上保安庁長官が提供する情報

海上保安庁長官は，指定海域内船舶に対し，非常災害の発生の状況等に関する情報であって，国土交通省令（則第23条の9第2項）で定める次に掲げるものを提供する。

① 非常災害の発生の状況に関する情報
② 船舶交通の制限の実施に関する情報
③ 船舶の沈没，航路標識の機能の障害その他の船舶交通の障害であって，指定海域内船舶の航行の安全に著しい支障を及ぼすおそれのあるものの発生に関する情報
④ 指定海域内船舶が，船舶の錨泊により著しく混雑する海域，水深が著しく浅い海域その他の指定海域内船舶が航行の安全を確保することが困難な海域に著しく接近するおそれがある場合における，当該海域

に関する情報

⑤　その他，指定海域内船舶が航行の安全を確保するために聴取することが必要と認められる情報

◇　これらの情報の提供は，告示で定めるところにより，VHF 無線電話によって行われる。（則第23条の9第1項）

(2) 指定海域内船舶の情報の聴取義務（第2項）

第2項は，非常災害発生周知措置がとられたときは，非常災害解除周知措置がとられるまでの間，指定海域内船舶が，第1項の情報を聴取しなければならないことを定めている。ただし，聴取することが困難な場合は，この限りでない。

◇　ただし書規定の「情報の聴取が困難な場合」とは，次のとおりである。（則第23条の10）

①　VHF 無線電話を備えていない場合

②　電波の伝搬障害等により VHF 無線電話による通信が困難な場合

③　他の船舶等と VHF 無線電話による通信を行っている場合

◇　平時においては，第30条の規定により，航路及び航路の周辺における船舶交通の安全を確保するため，同海域を航行する長さ50メートル以上の船舶（特定船舶）は，海上保安庁長官が提供する情報を聴取することが義務付けられているが，非常災害の発生時においては，本条の規定により，情報の聴取義務海域が拡大され，指定海域全域となる。

第39条　非常災害発生周知措置がとられた際の航行制限等

第39条　海上保安庁長官は，非常災害発生周知措置をとったときは，非常災害解除周知措置をとるまでの間，船舶交通の危険を防止するため必要な限度において，次に掲げる措置をとることができる。

(1)　当該非常災害発生周知措置に係る指定海域に進行してくる船舶の航行を制限し，又は禁止すること。

(2)　当該指定海域の境界付近にある船舶に対し，停泊する場所若しく

は方法を指定し，移動を制限し，又は当該境界付近から退去することを命ずること。

(3)　当該指定海域にある船舶に対し，停泊する場所若しくは方法を指定し，移動を制限し，当該指定海域内における移動を命じ，又は当該指定海域から退去することを命ずること。

§ 2-55　非常災害発生時における航行制限等（第39条）

本条は，非常災害が発生した場合にも，船舶交通の危険を防止して海上交通の機能を維持するため，海上保安庁長官が，海域の広さ，避難船舶の隻数などの海域の状況を一体的に把握しつつ，入域制限を行うことや，船舶を迅速かつ円滑に安全な海域に避難させるなどの措置をとることができることを定めたものである。同長官は，非常災害発生周知措置をとった場合は，同解除周知措置をとるまでの間，次の(1)～(3)の措置をとることができる。

(1)　非常災害発生周知措置に係る指定海域に進行してくる船舶の航行を制限し，又は禁止すること。

(2)　指定海域の境界付近にある船舶に対し，停泊する場所若しくは方法を指定し，移動を制限し，又はその境界付近から退去することを命ずること。

(3)　指定海域にある船舶に対し，停泊する場所若しくは方法を指定し，移動を制限し，当該指定海域内における移動を命じ，又は当該指定海域から退去することを命ずること。

◆　非常災害の発生時における航行制限等の措置は，船舶の大きさ等に関係なくすべての船舶を対象に行われる。

【注】　非常災害の発生時における海上保安庁長官の措置は，指定海域内の交通管制を港内も含め一元的に行えるよう港則法においても規定されている。（港則法第48条第2項）

【注】「特定船舶」等について

海交法は，一定の海域にある特定の船舶に対して，安全な航行等を援助するため海上保安庁長官が提供する情報を聴取する義務などを規定しているが，それら特定の船舶について整理すると以下のとおりである。

名　称	定　義
特定船舶	航路及びその周辺海域を航行する長さ50メートル以上の船舶（法第30条）
異常気象等時特定船舶	異常気象等が発生した場合に，海上の重要施設の周辺等の海域において，航行，停留又は錨泊している長さ50メートル以上の船舶（法第33条）
指定海域内船舶	非常災害発生周知措置がとられている指定海域内にある長さ50メートル以上の船舶（法第38条）

【注】バーチャルAIS航路標識

バーチャルAIS航路標識は，実際には存在しない浮標等の航路標識を，レーダー画面上にシンボルマークとして仮想表示させるものである。水深が非常に深いなどの理由で実際の航路標識の設置が困難な海域でも利用できる。海交法第25条第2項に規定する経路の指定において，船舶交通の整理を行うための目標として設置されているものもある。

第３章　危険の防止

第40条　航路及びその周辺の海域における工事等

第40条　次の各号のいずれかに該当する者は，当該各号に掲げる行為について海上保安庁長官の許可を受けなければならない。ただし，通常の管理行為，軽易な行為その他の行為で国土交通省令で定めるものについては，この限りでない。

(1)　航路又はその周辺の政令で定める海域において工事又は作業をしようとする者

(2)　前号に掲げる海域（港湾区域と重複している海域を除く。）において工作物の設置（現に存する工作物の規模，形状又は位置の変更を含む。以下同じ。）をしようとする者

2　海上保安庁長官は，前項の許可の申請があった場合において，当該申請に係る行為が次の各号のいずれかに該当するときは，許可をしなければならない。

(1)　当該申請に係る行為が船舶交通の妨害となるおそれがないと認められること。

(2)　当該申請に係る行為が許可に付された条件に従って行われることにより船舶交通の妨害となるおそれがなくなると認められること。

(3)　当該申請に係る行為が災害の復旧その他公益上必要やむを得ず，かつ，一時的に行われるものであると認められること。

3　海上保安庁長官は，第１項の規定による許可をする場合において，必要があると認めるときは，当該許可の期間を定め（同項第２号に掲げる行為については，仮設又は臨時の工作物に係る場合に限る。），及び当該許可に係る行為が前項第１号に該当する場合を除き当該許可に船舶交通の妨害を予防するため必要な条件を付することができる。

4　海上保安庁長官は，船舶交通の妨害を予防し，又は排除するため特別の必要が生じたときは，前項の規定により付した条件を変更し，又は新たに条件を付することができる。

5　海上保安庁長官は，第1項の規定による許可を受けた者が前二項の規定による条件に違反したとき，又は船舶交通の妨害を予防し，若しくは排除するため特別の必要が生じたときは，その許可を取り消し，又はその許可の効力を停止することができる。

6　第1項の規定による許可を受けた者は，当該許可の期間が満了したとき，又は前項の規定により当該許可が取り消されたときは，速やかに当該工作物の除去その他原状に回復する措置をとらなければならない。

7　国の機関又は地方公共団体（港湾法の規定による港務局を含む。以下同じ。）が第1項各号に掲げる行為（同項ただし書の行為を除く。）をしようとする場合においては，当該国の機関又は地方公共団体と海上保安庁長官との協議が成立することをもって同項の規定による許可があったものとみなす。

8　港則法に基づく港の境界付近においてする第1項第1号に掲げる行為については，同法第31条第1項（同法第45条において準用する場合を含む。）の規定による許可を受けたときは第1項の規定による許可を受けることを要せず，同項の規定による許可を受けたときは同法第31条第1項（同法第45条において準用する場合を含む。）の規定による許可を受けることを要しない。

§ 3-1　航路及びその周辺の海域における工事等（第40条）

本条は，船舶交通がふくそうする航路及びその周辺の海域における工事若しくは作業又は工作物の設置が船舶交通の妨害となるおそれのある一定の行為について許可制とすることについて定めたものである。(図3･1)

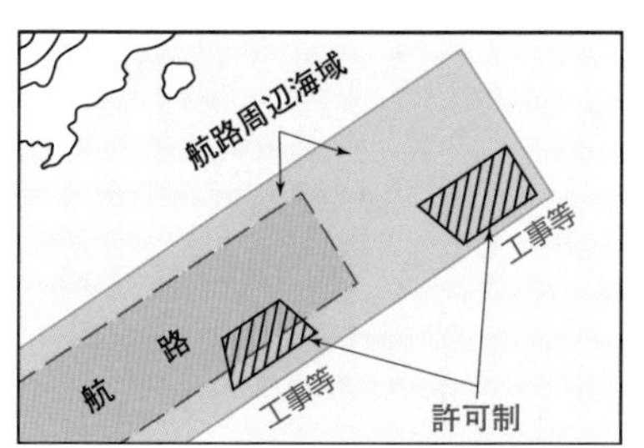

図3･1　工事等の許可制

◆　工事や作業の具体例は，浚渫（せつ），航路標識や海底電線の敷設，測量，掃海等であり，また工作物の設置の具体例は，漁礁，ケーソン，やぐら等の設置である。

◆　航路の周辺の「政令で定める海域」とは，図3･2に示すように，航路の側方の境界線から外側（来島海峡航路にあっては，馬島側を含む。）200メートル以内の海域，及び航路の出入口の境界線からおよそ航行経路の方向に外側1,500メートル以内の一定の海域である。（令第8条）

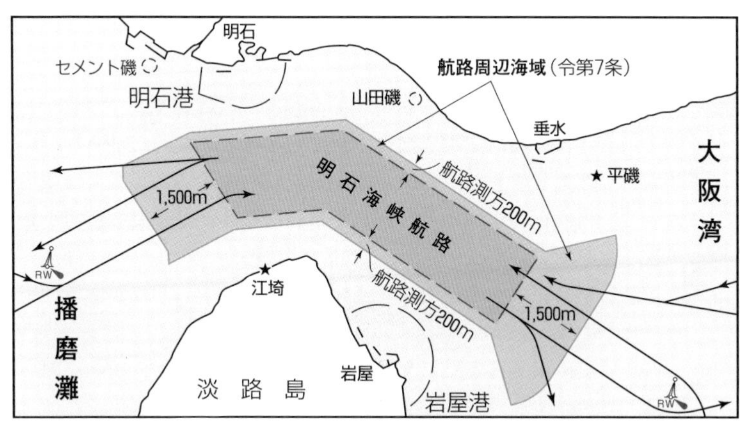

図3·2　工事等の許可を要する航路周辺海域（明石海峡航路の場合）

◇　この周辺海域は，航路を出入したり横断したりする船舶が航路航行船を避航する場合や航路を航行しようとする船舶が航路に入るために航路に沿う態勢をとろうとする場合，あるいは航路航行船が航路幅を十分に活用して安全に航行する場合などにおいて，少なくとも必要とされる海域である。

◇　海上保安庁長官は，工事等を許可する場合には必要な条件を付し，また条件に違反したときは許可を取り消す等の処分をすることにより，航路及びその周辺海域の船舶交通の危険を防止することになっている。

第41条　航路及びその周辺の海域以外の海域における工事等

第41条　次の各号のいずれかに該当する者は，あらかじめ，当該各号に掲げる行為をする旨を海上保安庁長官に届け出なければならない。ただし，通常の管理行為，軽易な行為その他の行為で国土交通省令で定めるものについては，この限りでない。

(1) 前条第1項第1号に掲げる海域以外の海域において工事又は作業をしようとする者

(2) 前号に掲げる海域（港湾区域と重複している海域を除く。）において工作物の設置をしようとする者

2 海上保安庁長官は，前項の届出に係る行為が次の各号のいずれかに該当するときは，当該届出のあった日から起算して30日以内に限り，当該届出をした者に対し，船舶交通の危険を防止するため必要な限度において，当該行為を禁止し，若しくは制限し，又は必要な措置をとるべきことを命ずることができる。

(1) 当該届出に係る行為が船舶交通に危険を及ぼすおそれがあると認められること。

(2) 当該届出に係る行為が係留施設を設置する行為である場合においては，当該係留施設に係る船舶交通が他の船舶交通に危険を及ぼすおそれがあると認められること。

3 海上保安庁長官は，第1項の届出があった場合において，実地に特別な調査をする必要があるとき，その他前項の期間内に同項の処分をすることができない合理的な理由があるときは，その理由が存続する間，同項の期間を延長することができる。この場合においては，同項の期間内に，第1項の届出をした者に対し，その旨及び期間を延長する理由を通知しなければならない。

4 国の機関又は地方公共団体は，第1項各号に掲げる行為（同項ただし書の行為を除く。）をしようとするときは，同項の規定による届出の例により，海上保安庁長官にその旨を通知しなければならない。

5 海上保安庁長官は，前項の規定による通知があった場合において，当該通知に係る行為が第2項各号のいずれかに該当するときは，当該国の機関又は地方公共団体に対し，船舶交通の危険を防止するため必要な措置をとることを要請することができる。この場合において，当該国の機関又は地方公共団体は，そのとるべき措置について海上保安庁長官と協議しなければならない。

6 港則法に基づく港の境界付近においてする第1項第1号に掲げる行為については，同法第31条第1項（同法第45条において準用する場

合を含む。）の規定による許可を受けたときは，第1項の規定による届出をすることを要しない。

§3-2　航路及びその周辺の海域以外の海域における工事等（第41条）

本条は，航路及びその周辺の海域以外の海域は，第40条の「航路及びその周辺の海域」に比べて，船舶の交通量が少なく，工事等による船舶交通の妨害のおそれも少ないので，許可制でなく，届出制とすることについて定めたものである。（図3･3）

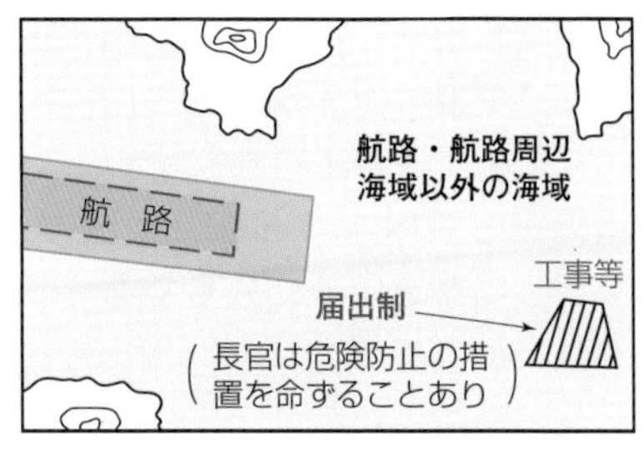

図3･3　工事等の届出制

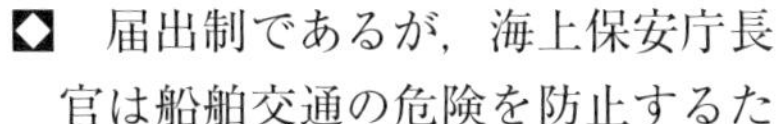

◇　届出制であるが，海上保安庁長官は船舶交通の危険を防止するため，関係者に対し必要な措置等をとるべきことを命ずることができることになっている。

第42条　違反行為者に対する措置命令

第42条　海上保安庁長官は，次の各号のいずれかに該当する者に対し，当該違反行為に係る工事又は作業の中止，当該違反行為に係る工作物の除去，移転又は改修その他当該違反行為に係る工事若しくは作業又は工作物の設置に関し船舶交通の妨害を予防し，又は排除するため必要な措置（第4号に掲げる者に対しては，船舶交通の危険を防止するため必要な措置）をとるべきことを命ずることができる。

(1)　第40条第1項の規定に違反して同項各号に掲げる行為をした者

(2)　第40条第3項の規定により海上保安庁長官が付し，又は同条第4項の規定により海上保安庁長官が変更し，若しくは付した条件に違反した者

(3)　第40条第6項の規定に違反して当該工作物の除去その他原状に回

　復する措置をとらなかった者
(4)　前条第1項の規定に違反して同項各号に掲げる行為をした者

§3-3　違反行為者に対する措置命令（第42条）

本条は，第40条又は第41条の規定に違反した者に対して，海上保安庁長官は，工事・作業の中止，工作物の除去，船舶交通の妨害の予防等の必要な措置をとるべきことを命ずることができることを定めたのもである。（図3･4）

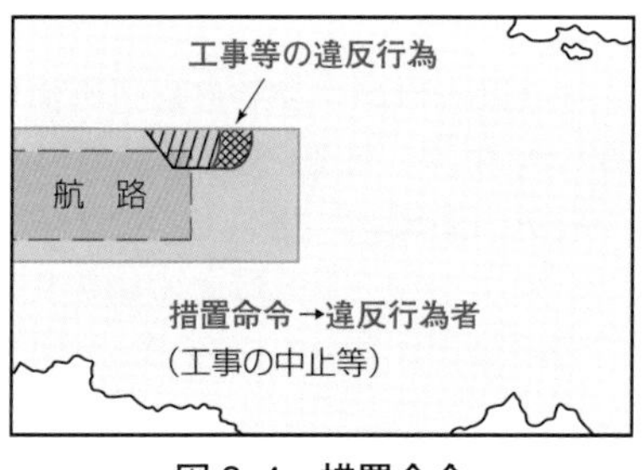

図3･4　措置命令

第43条　海難が発生した場合の措置

第43条　海難により船舶交通の危険が生じ，又は生ずるおそれがあるときは，当該海難に係る船舶の船長は，できる限り速やかに，国土交通省令で定めるところにより，標識の設置その他の船舶交通の危険を防止するため必要な応急の措置をとり，かつ，当該海難の概要及びとった措置について海上保安庁長官に通報しなければならない。ただし，港則法第24条の規定の適用がある場合は，この限りでない。
2　前項に規定する船舶の船長は，同項に規定する場合において，海洋汚染等及び海上災害の防止に関する法律（昭和45年法律第136号）第38条第1項，第2項若しくは第5項，第42条の2第1項，第42条の3第1項又は第42条の4の2第1項の規定による通報をしたときは，当該通報をした事項については前項の規定による通報をすることを要しない。
3　海上保安庁長官は，船長が第1項の規定による措置をとらなかったとき又は同項の規定により船長がとった措置のみによっては船舶交通の危険を防止することが困難であると認めるときは，船舶交通の危険の原因となっている船舶（船舶以外の物件が船舶交通の危険の原因となっている場合は，当該物件を積載し，引き，又は押している船舶）の所有者（当該船舶が共有されているときは船舶管理人，当該船舶が貸し渡されているときは船舶借入人）に対し，当該船舶の除去その他船舶交通の危険を防止するため必要な措置（海洋汚染等及び海上災害の防止に関する法律第42条の7に規定する場合は，同条の規定により命ずることができる措置を除く。）をとるべきことを命ずることができる。

§ 3-4　海難が発生した場合の措置（第43条）

本条は，海難が発生した場合に，①海難に係る船舶の船長が危険防止の必要な措置をとること，②海上保安庁長官が船舶所有者に対し危険防止の必要な措置を命ずることができることについて定めたものである。

(1)　船長の措置（第1項・第2項）

海難により船舶交通の危険が生じ，又は生ずるおそれがあるときは，海難に係る船舶の船長は，できる限り速やかに，次の措置をとらなければならない。

(1)　標識の設置その他の必要な応急の措置

次に掲げる措置のうち船舶交通の危険を防止するため有効かつ適切なものでなければならない。(則第28条)

①　海難により航行困難となった船舶を船舶交通に危険を及ぼすおそれがない海域まで移動させ，かつ当該船舶が移動しないように必要な措置をとること。

②　海難により沈没した船舶の位置を示すための指標となるように，表3·1の左欄に掲げるいずれかの設置場所に，それぞれ同表の中欄に掲げる要件に適合する灯浮標を設置すること。

③　海難船舶の積荷が海面に脱落し，及び散乱するのを防ぐため必要な措置をとること。

(2)　海難の概要等の通報

海難の概要及びとった措置について海上保安庁長官に通報する。ただし，港則法第24条の適用がある場合は，この限りでない。

表3･1　沈船の位置を示す灯浮標（則第28条）

<table>
<tr><th rowspan="2">設置場所</th><th colspan="4">要　件（灯浮標）</th><th rowspan="2">浮標式との関係</th></tr>
<tr><th>頭　標
（トップ・マーク）</th><th>標　体</th><th colspan="2">灯　火</th></tr>
<tr><td>沈船の北側</td><td>黒色の円すい形2個　縦掲（頂点上向き）</td><td>上半部　黒
下半部　黄</td><td>白色の連続急閃光</td><td rowspan="4">急閃光の閃光は，1.2秒の周期。長閃光は，2秒の光。</td><td>北方位標識に準ずる</td></tr>
<tr><td>沈船の東側</td><td>黒色の円すい形2個　縦掲（頂点非対向）</td><td>上部　黒
中央部　黄
下部　黒</td><td>白色の群急閃光（毎10秒に3急閃光）</td><td>東方位標識に準ずる</td></tr>
<tr><td>沈船の南側</td><td>黒色の円すい形2個　縦掲（頂点下向き）</td><td>上半部　黄
下半部　黒</td><td>白色の群急閃光（毎15秒に6急閃光と1長閃光）</td><td>南方位標識に準ずる</td></tr>
<tr><td>沈船の西側</td><td>黒色の円すい形2個　縦掲（頂点対向）</td><td>上部　黄
中央部　黒
下部　黄</td><td>白色の群急閃光（毎15秒に9急閃光）</td><td>西方位標識に準ずる</td></tr>
</table>

また，第2項の規定により，海洋汚染等及び海上災害の防止に関する法律第38条（油等の排出の通報等）第1項等の一定の規定による通報をしたときは，その通報をした事項については上記の通報を要しない。

◇　「海難に係る船舶」とは，海難に関係した船舶のことで，損傷等を受けた船舶だけでなく，その海難の発生に直接関係した船舶も含まれる。

◇　浮標式の方位標識を図示すると，図3･5のとおりである。

【注】　方位標識の灯火の判別（表3･1，図3･5）

方位標識の灯火の3急閃光（東），6急閃光（南）及び9急閃光（西）は，時計の文字板（コンパスを連想）のそれぞれ3時（90度），6時（180度），9時（270度）の位置と関連して覚えるとよい。北方位標識は，連続急閃光（北・0度）である。南方位標識が6急閃光のあとに1長閃光が付いているのは，3急閃光（東）又は9急閃光（西）と混同しないようにするためである。

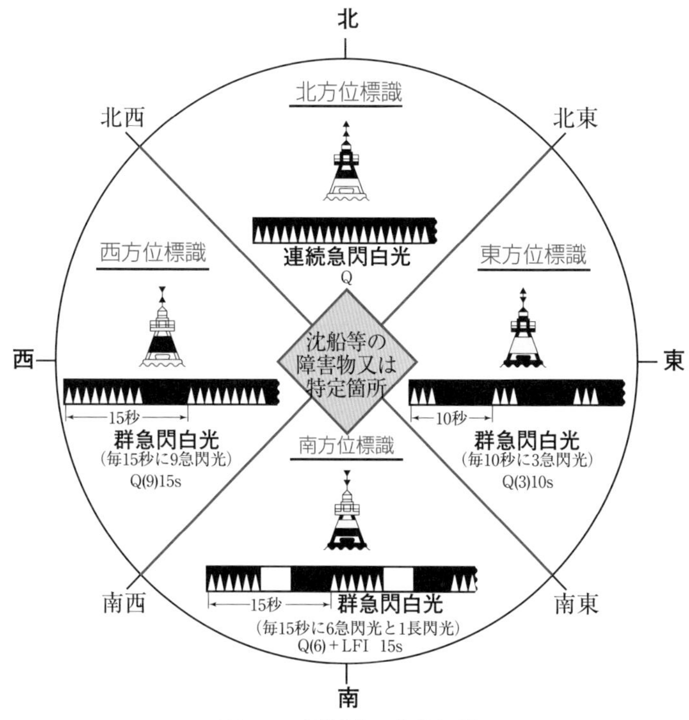

図3·5　浮標式の方位標識

◇ 方位標識のうち，例えば，北方位標識は，図3·6に示すとおり，沈船等の障害物の北側に設置されるもので，同標識の北側には安全な水域が存在しており，同水域を通航すべきことを示している。その南側には，障害物があることを示している。

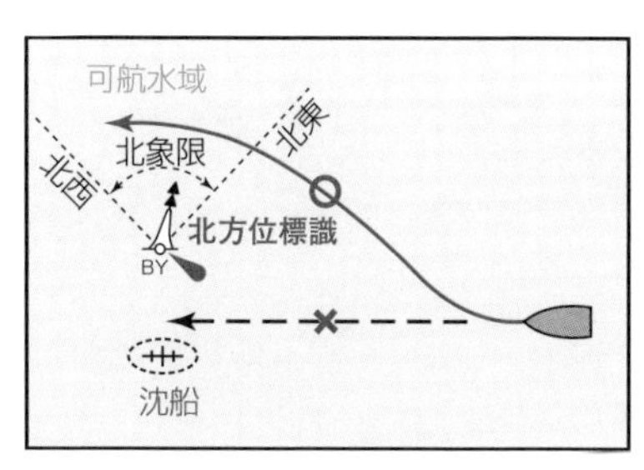

図3·6　沈船を回避

船舶は，安全な可航水域を的確に判断しなければならない。

◇ 「港則法第24条の規定の適用がある場合は，この限りでない。」（第1項ただし書）とあるが，これは，同法第24条（海難発生時の船長の措置）の規定は港の境界の外側であっても境界付近であれば適用があるため，海交法の適用海域と重複することになる。そこで，港の境界付近で発生した海難について同条の規定により措置をとった場合は，本条第１項本文の規定は適用の限りでないとしたものである。

(2) 措置命令（第３項）

海上保安庁長官は，船長が第１項の規定による措置をとらなかったとき，又はその措置のみによっては不十分であると認めるときは，船舶所有者に対し，海難船舶の除去等の措置をとるべきことを命ずることができる。

第4章　雑　則

第44条　航路等の海図への記載

> 第44条　海上保安庁が刊行する海図のうち海上保安庁長官が指定するものには，第1条第2項の政令で定める境界，航路，指定海域，第5条，第6条の2及び第9条の航路の区間，浦賀水道航路，明石海峡航路及び備讃瀬戸東航路の中央，第25条第1項及び第2項の規定により指定した経路並びに第28条第1項及び第30条第1項の海域を記載するものとする。

§ 4-1　航路等の海図への記載（第44条）

本条は，航路等を海図に記載することを定めたものである。（§ 4-2参照）

【注】　本条の規定に関して，「航路等を記載する海図の指定に関する告示」（昭和48年海上保安庁告示第77号，最近改正令和6年同告示第30号）がある。

具体例

番号	図名	縮尺	記載事項
W1062	東京湾中部	1/50,000	法第1条第2項の政令で定める境界，航路，法第5条の航路の区間，浦賀水道航路の中央，法第25条第2項の経路，法第30条第1項の海域

船舶は，自船の航行する海域について，告示の指定する海図のうち，その縮尺及び記載事項を考慮して必要なものを備え，船舶交通の安全に努めなければならない。

第45条　航路等を示す航路標識の設置

> **第45条**　海上保安庁長官は，国土交通省令で定めるところにより，航路，第5条，第6条の2及び第9条の航路の区間，浦賀水道航路，明石海峡航路及び備讃瀬戸東航路の中央並びに第25条第1項及び第2項の規定により指定した経路を示すための指標となる航路標識を設置するものとする。

§ 4-2　航路等を示す航路標識の設置（第45条）

本条は，航路等を示す航路標識を設置することを定めたものである。

前条及び本条の事項をまとめて掲げると，次の表のとおりである。

事　項	海図への記載	航路標識の設置
(1)　適用海域の外海との境界（第1条第2項）	○	—
(2)　航路（第2条第1項）	○	○
(3)　航路の速力の制限区間（第5条）	○	○
(4)　追越しの禁止の航路の区間（第6条の2）	○	○
(5)　航路の出入・横断の制限区間（第9条）	○	○
(6)　浦賀水道航路・明石海峡航路・備讃瀬戸東航路の中央（第11条第1項，第15条，第16条第1項）	○	○
(7)　航路以外の海域における指定経路（第25条第1項・第2項）	○	○
(8)　帆船の灯火等の常時表示海域（第28条第1項）	○	—
(9)　長官が情報提供する海域（第30条第1項）	○	—

◆　海交法の適用海域を航行するに当たっては，上記の海図を整備し，また航路標識の設置の状況をよく知っておかなければならない。

第46条　交通政策審議会への諮問

第46条　国土交通大臣は，この法律の施行に関する重要事項については，交通政策審議会の意見を聴かなければならない。

§ 4-3　交通政策審議会への諮問（第46条）

本条は，国土交通大臣に対し，海交法の施行に関する重要事項については，交通政策審議会に諮問することを義務付けたものである。

第47条　権限の委任

第47条　この法律の規定により海上保安庁長官の権限に属する事項は，国土交通省令で定めるところにより，管区海上保安本部長に行わせることができる。

2　管区海上保安本部長は，国土交通省令で定めるところにより，前項の規定によりその権限に属させられた事項の一部を管区海上保安本部の事務所の長に行わせることができる。

§ 4-4　権限の委任（第47条）

本条は，国土交通省令の定めるところにより，①海交法に定める海上保安庁長官の権限を管区海上保安本部長に委任することができること，及び②同本部長は同長官から委任された権限の一部を管区海上保安本部の事務所の長に委任することができることを定めたものである。

◆「国土交通省令」は，次の表（要旨）に掲げるとおり，権限を委任することを定めている。（則第32条）

【注】同表において，「海上保安庁長官」を「長官」と略する。

委任される権限		委任先
則第32条第1項	下記の規定による長官の権限 ①　第10条の2（航路外での待機の指示） ②　第20条（来島海峡航路）第3項～第4項 ③　第22条（巨大船等の航行に関する通報） ④　第23条（巨大船等に対する指示） ⑤　第30条第1項（長官が提供する情報の聴取） ⑥　第31条第1項・第2項（航法の遵守及び危険の防止のための勧告）	当該航路の所在する海域を管轄する管区海上保安本部長
第2項	下記の規定による長官の権限 第32条第1項（異常気象等時における航行制限）	当該海域を管轄する管区海上保安本部長
第3項	下記の規定による長官の権限 第32条第2項（異常気象等時における危険防止措置の勧告）	当該海域を管轄する管区海上保安本部長
第4項	下記の規定による長官の権限 第33条第1項・第2項（異常気象等時特定船舶に対する情報の提供等） 第34条第1項・第2項（異常気象等時特定船舶に対する危険の防止のための勧告）	当該海域を管轄する管区海上保安本部長
第5項	下記の規定による長官の権限 第35条第1項（異常気象等による危険防止のための協議会の組織）	当該協議会を組織しようとする湾その他の海域を管轄する管区海上保安本部長
第6項	下記の規定による長官の権限 ①　第36条（指定海域への入域に関する通報） ②　第38条第1項（指定海域内船舶に対する情報の提供） ③　第39条（非常災害発生周知措置がとられた際の航行制限等）	当該指定海域を管轄する管区海上保安本部長
第7項	下記の規定による長官の権限 ①　第40条第1項～第5項及び第7項（航路及びその周辺の海域における工事等） ②　第41条第1項～第5項（航路及びその周	当該行為に係る場所を管轄する管区海上保安本部長

	辺の海域以外の海域における工事等） ③　第42条（違反行為者に対する措置命令）	
第8項	下記の規定による長官の権限 第43条（海難が発生した場合の措置）	当該海難の発生海域を管轄する管区海上保安本部長
第9項	下記の規定による長官の権限 第26条（危険防止のための交通制限等）第1項ただし書規定による処分	当該海域を管轄する管区海上保安本部長
第10項	下記の規定による長官の権限 第37条（非常災害発生周知措置等）	指定海域を管轄する管区海上保安本部長
第11項	下記の規定による管区海上保安本部長の権限 ①　第10条の2（同上），第22条（同上），第23条（同上），第30条第1項（同上）及び第31条第1項～第2項（同上） (イ)　浦賀水道航路，中ノ瀬航路 (ロ)　伊良湖水道航路 (ハ)　明石海峡航路 (ニ)　備讃瀬戸東航路，宇高東航路，同西航路，備讃瀬戸北航路，同南航路，水島航路 (ホ)　来島海峡航路 ②　第20条第3項～第4項（同上） ③　第33条第1項（同上），第34条第1項・第2項（同上），第36条（同上），第38条第1項（同上），第39条（同上） ④　第43条（同上）	下記各号に掲げる事務所の長 ①(イ)　東京湾海上交通センター (ロ)　伊勢湾海上交通センター (ハ)　大阪湾海上交通センター (ニ)　備讃瀬戸海上交通センター (ホ)　来島海峡海上交通センター ②　来島海峡海上交通センター 海難発生海域を管轄する ③　東京湾海上交通センター ④　海上保安監部，海上保安部又は海上保安基地

第48条　行政手続法の適用除外

> **第48条**　第10条の2，第20条第3項，第32条第1項又は第39条の規定による処分については，行政手続法（平成5年法律第88号）第3章の規定は，適用しない。

§4-5　行政手続法の適用除外（第48条）

まず，行政手続法とは，処分，行政指導及び届出に関する手続に関し，共通する事項を定めることによって，行政運営における①公正の確保と②透明性（行政上の意思決定について，その内容及び過程が国民にとって明らかであることをいう。）の向上を図り，もって国民の権利利益の保護に資することを目的とする法律である。

本条は，次に掲げる規定による処分については，船舶交通の安全を確保するため現場で臨機に適切な措置をとる必要があるので，行政手続法第3章（不利益処分）の規定による聴聞を行ったり弁明の機会の付与を行ったりする暇（いとま）がないことから，同章の規定を適用しないことを定めたものである。

1．第10条の2………航路外での待機の指示
2．第20条第3項……来島海峡航路の転流前後の特別な航法の指示
3．第32条第1項……異常気象等時における航行制限
4．第39条……………非常災害発生周知措置がとられた際の航行制限等

第49条　国土交通省令への委任

> **第49条**　この法律に規定するもののほか，この法律の実施のため必要な手続その他の事項は，国土交通省令で定める。

§4-6　国土交通省令への委任（第49条）

本条は，海交法の実施のため必要な手続等を施行規則に委任することを定めたものである。

第50条　経過措置

> **第50条**　この法律の規定に基づき政令又は国土交通省令を制定し，又は改廃する場合においては，それぞれ，政令又は国土交通省令で，その制定又は改廃に伴い合理的に必要と判断される範囲内において，所要の経過措置（罰則に関する経過措置を含む。）を定めることができる。

§ 4-7　経過措置（第50条）

本条は，海交法に基づき政令・省令を制定・改廃する場合に，新旧法令の移り変わりを円滑に施行できるようにするための経過措置について定めたものである。

【注】海上保安庁の航行安全指導について

海上保安庁は，船舶交通の一層の安全を確保するため，海域の実態に応じた様々な航行安全指導を行っている。その一つに「位置通報」があり，船舶が海上交通センターのレーダー監視海域内を通航する場合，同センターのレーダー映像上で当該船舶を識別するために，対象船舶（AISを搭載し，適切に運用している船舶を除く。）は海域ごとに設定された位置通報ラインを通過する際に通報を行うよう指導している。

航行安全指導は「航行安全指導集録」（参考文献(1)）としてまとめられており，海上保安庁ホームページから入手できる。

第5章　罰　則

第51条　次の各号のいずれかに該当する者は，3月以下の拘禁刑又は30万円以下の罰金に処する。

⑴　第10条の規定の違反となるような行為をした者

⑵　第10条の2，第26条第1項，第32条第1項又は第39条の規定による海上保安庁長官の処分の違反となるような行為をした者

⑶　第23条の規定による海上保安庁長官の処分に違反した者

⑷　第43条第1項の規定に違反した者

2　次の各号のいずれかに該当する場合には，その違反行為をした者は，3月以下の懲役又は30万円以下の罰金に処する。

⑴　第40条第1項の規定に違反したとき。

⑵　第40条第3項の規定により海上保安庁長官が付し，又は同条第4項の規定により海上保安庁長官が変更し，若しくは付した条件に違反したとき。

⑶　第41条第2項，第42条又は第43条第3項の規定による海上保安庁長官の処分に違反したとき。

第52条　第4条，第5条，第9条，第11条，第15条，第16条又は第18条第1項若しくは第2項の規定の違反となるような行為をした者は，50万円以下の罰金に処する。

第53条　次の各号のいずれかに該当する者は，30万円以下の罰金に処する。

⑴　第7条又は第27条第1項の規定の違反となるような行為をした者

⑵　第22条又は第36条の規定に違反した者

2　第40条第6項又は第41条第1項の規定に違反したときは，その違反行為をした者は，30万円以下の罰金に処する。

第54条　法人の代表者又は法人若しくは人の代理人，使用人その他の従業者が，その法人又は人の業務に関し，第51条第2項又は前条第2項の違反行為をしたときは，行為者を罰するほか，その法人又は人に対して，各本条の罰金刑を科する。

附 則（略）

§ 5-1 罰 則（第51条～第54条）

第51条から第54条までの規定は，罰則を定めたものである。
罰則をまとめて掲げると，次の表のとおりである。

		違反事項
第51条	3月以下の拘禁刑又は30万円以下の罰金	航路における錨泊の禁止（海難を避ける場合等を除く。）（第10条）
		航路外での待機の指示（第10条の2）
		危険防止のための交通制限（航行・停留・錨泊船舶，航行・停留・錨泊時間の制限）（第26条第1項）
		異常気象等時における航行制限等（第32条第1項）
		非常災害発生時における航行制限等（第39条）
		巨大船等に対する指示（航行予定時刻の変更・進路警戒船の配備等の指示）（第23条）
		海難が発生した場合の船長の措置（第43条第1項）
		工事・作業，工作物の設置に対する規制等 （第40条第1項・第3項・第4項，第41条第2項，第42条）
		海難が発生した場合の船舶所有者への措置命令（第43条第3項）
第52条	50万円以下の罰金	航路航行義務（第4条）
		速力の制限（第5条）
		航路への出入・横断の制限（第9条）
		浦賀水道航路の右側航行，中ノ瀬航路の北航（第11条）
		明石海峡航路の右側航行（第15条）
		備讃瀬戸東航路の右側航行，宇高東航路の北航，同西航路の南航（第16条）
		備讃瀬戸北航路の西航，同南航路の東航（第18条第1項・第2項）

第53条	30万円以下の罰金	進路を知らせるための措置（第7条）
		巨大船・危険物積載船の灯火・標識の表示義務（第27条第1項）
		巨大船・危険物積載船・物件曳航船等の航行に関する通報義務（第22条）
		工作物の除去等の義務（第40条第6項）
		工事等の届出義務（第41条第1項）
第54条	両罰規定	上記の第51条第2項の違反行為（例えば，許可を受けないで，航路又はその周辺海域で工事をする。） 上記の第53条第2項の違反行為（例えば，届出をしないで，航路又はその周辺海域以外の海域で工事をする。） （違反行為者を罰するほか，その法人等に対して，各本条の罰金刑を科する。）

◆　海交法が罰則を設けたのは，同法に規定する義務の違反に対して制裁を加えることにより義務の履行を求め，法の実効性を確保しようとするためである。

もとより，船舶交通の安全は，法と罰則によって確保されるものではなく，交通環境の整備が重要であることは論をまたない。

◆　罰則には，航法規定のうち「避航関係を定めたもの」（例えば，第3条，第12条など。）の違反について定めていないが，これは，状況の判断が複雑なことが多いため，海難審判などに委ねることにしたためである。

◆　罰則の具体例をあげると，次のとおりで，義務は確実に守られなければならない。

①　巨大船・巨大船以外の一定の長さ以上の船舶・危険物積載船・物件えい航船等が，航路航行予定時刻の変更等の指示の規定（第23条）に違反して，その指示時刻を無視して航路に入航したとき……3月以下の拘禁刑又は30万円以下の罰金（第51条第1項）（図5・1）

②　船舶が，明石海峡航路を右側航行しなければならない規定（第15条）に違反して，左側航行したとき……50万円以下の罰金（第52条）（図5･2）

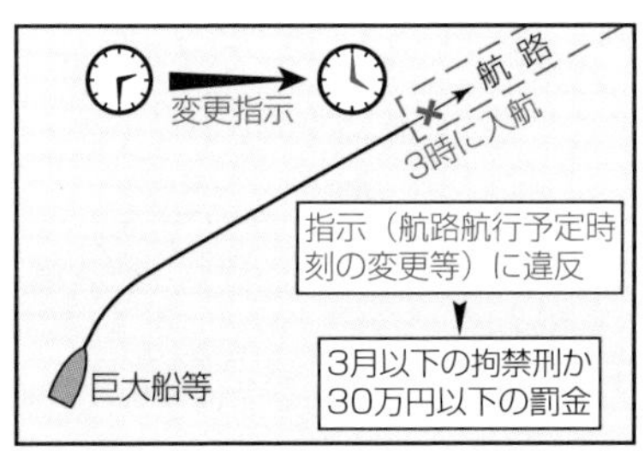

図 5·1　第 23 条の違反（具体例）

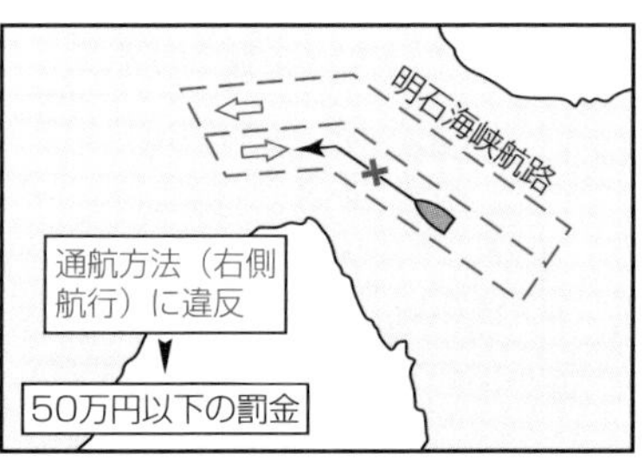

図 5·2　第 15 条の違反（具体例）

別　表

航路の名称	所在海域
浦賀水道航路	東京湾中ノ瀬の南方から久里浜湾沖に至る海域
中ノ瀬航路	東京湾中ノ瀬の東側の海域
伊良湖水道航路	伊良湖水道
明石海峡航路	明石海峡
備讃瀬戸東航路	瀬戸内海のうち小豆島地蔵埼沖から豊島と男木島との間を経て小与島と小瀬居島との間に至る海域
宇高東航路	瀬戸内海のうち荒神島の南方から中瀬の西方に至る海域
宇高西航路	瀬戸内海のうち大槌島の東方から神在鼻沖に至る海域
備讃瀬戸北航路	瀬戸内海のうち小与島と小瀬居島との間から佐柳島と二面島との間に至る海域で牛島及び高見島の北側の海域
備讃瀬戸南航路	瀬戸内海のうち小与島と小瀬居島との間から二面島と粟島との間に至る海域で牛島及び高見島の南側の海域
水島航路	瀬戸内海のうち水島港から葛島の西方，濃地諸島の東方及び与島と本島との間を経て沙弥島の北方に至る海域
来島海峡航路	瀬戸内海のうち大島と今治港との間から来島海峡を経て大下島の南方に至る海域

海上交通安全法施行令

（　　　　　昭和 48 年 1 月 26 日　政令第 5 号
最近改正　令和 3 年 6 月 23 日　政令第 179 号）

（法適用海域と他の海域との境界）

第 1 条　海上交通安全法（以下「法」という。）第 1 条第 2 項の法を適用する海域（以下「法適用海域」という。）と他の海域（同項各号に掲げる海域を除く。）との境界は，次の表に掲げるとおりとする。

法適用海域の所在海域	法適用海域と他の海域との境界
東京湾	洲埼灯台（北緯 34 度 58 分 31 秒東経 139 度 45 分 27 秒）から剣埼灯台（北緯 35 度 8 分 29 秒東経 139 度 40 分 37 秒）まで引いた線（図 1･2 参照）
伊勢湾	（略）（図 1･3 参照）
瀬戸内海	（略）（図 1･4(a)，図 1･4(b)参照）

（漁船以外の船舶が通常航行していない海域）

第 2 条　法第 1 条第 2 項第 4 号の政令で定める海域は，別表第 1 に掲げる海域のうち同項第 1 号から第 3 号までに掲げる海域以外の海域とする。

（航路）

第 3 条　法第 2 条第 1 項の政令で定める海域は，別表第 2 に掲げる海域とする。

（指定海域）

第 4 条　法第 2 条第 4 項の政令で定める海域は，東京湾に所在する法適用海域とする。

（緊急用務を行うための船舶）

第 5 条　法第 24 条第 1 項の政令で定める緊急用務を行うための船舶は，次に掲げる用務で緊急に処理することを要するものを行うための船舶で，これを使用する者の申請に基づきその者の住所地を管轄する管区海上保安本部長が指定したものとする。

(1)　消防，海難救助その他救済を必要とする場合における援助

(2)　船舶交通に対する障害の除去

(3)　海洋の汚染の防除

(4)　犯罪の予防又は鎮圧

⑸　犯罪の捜査
⑹　船舶交通に関する規制
⑺　前各号に掲げるもののほか，人命又は財産の保護，公共の秩序の維持その他の海上保安庁長官が特に公益上の必要があると認めた用務

（緊急用務を行う場合の灯火等）

第6条　前条の規定による管区海上保安本部長の指定を受けた船舶は，法第24条第1項の規定により航行し，又はびょう泊をするときは，周囲から最も見えやすい場所に，夜間は国土交通省令で定める紅色の灯火を，昼間は国土交通省令で定める紅色の標識を表示しなければならない。

（ろかい船等が灯火を表示すべき海域）

第7条　法第28条第1項の政令で定める海域は，法適用海域のうち航路以外の海域とする。

（航路の周辺の海域）

第8条　法第40条第1項第1号の政令で定める海域は，航路の側方の境界線から航路の外側（来島海峡航路にあっては，馬島側を含む。）200メートル以内の海域及び別表第3に掲げる海域とする。

附　則（略）

別表第1（第2条関係）

（漁船以外の船舶が通常航行していない海域　§1-2参照）

第1　東京湾内の次に掲げる海域
⑴〜⑹　（略）
第2　伊勢湾内の次に掲げる海域
⑴〜⒆　（略）
第3　瀬戸内海内の次に掲げる海域
⑴　紀伊日ノ御埼灯台から蒲生田岬灯台の方向に1,500メートルの地点まで引いた線，……（略）……及び陸岸により囲まれた海域のうち……（略）……に引いた線と長埼から270度に引いた線との間の海域以外の海域
⋮（略）
(381)　蒲生田岬灯台から紀伊日ノ御埼灯台の方向に伊島まで引いた線，同島北端から裸島島項まで引いた線，同地点から229度30分に引いた線及び陸岸により囲まれた海域

別表第2（第3条関係）（略）（航路の海域　§1-4参照）

別表第3（第8条関係）（略）（航路の周辺の海域　§3-1参照）

海上交通安全法施行規則

（　　　　昭和 48 年 3 月 27 日　運輸省令第 9 号
最近改正　令和 5 年 4 月 20 日　国土交通省令第 40 号）

第 1 章　総　則

（定義）

第 1 条　この省令において使用する用語は，海上交通安全法（昭和 47 年法律第 115 号。以下「法」という。）において使用する用語の例による。

2　この省令において，次の各号に掲げる用語の意義は，当該各号に定めるところによる。

(1)　全周灯，短音又は長音　それぞれ海上衝突予防法（昭和 52 年法律第 62 号）第 21 条第 6 項，第 32 条第 2 項又は同条第 3 項に規定する全周灯，短音又は長音をいう。

(2)　火薬類，高圧ガス，引火性液体類又は有機過酸化物　それぞれ危険物船舶運送及び貯蔵規則（昭和 32 年運輸省令第 30 号）第 2 条第 1 号に規定する火薬類，高圧ガス，引火性液体類又は有機過酸化物をいう。

（法第 2 条第 2 項第 3 号ロに掲げる船舶）

第 2 条　法第 2 条第 2 項第 3 号ロの国土交通省令で定める船舶は，法第 40 条第 1 項の規定による許可（同条第 8 項の規定によりその許可を受けることを要しない場合には，港則法（昭和 23 年法律第 174 号）第 31 条第 1 項（同法第 45 条において準用する場合を含む。）の規定による許可）を受けて工事又は作業を行っており，当該工事又は作業の性質上接近してくる他の船舶の進路を避けることが容易でない船舶とする。

2　法第 2 条第 2 項第 3 号ロの規定による灯火又は標識の表示は，夜間にあっては第 1 号に掲げる灯火の，昼間にあっては第 2 号に掲げる形象物の表示とする。

(1)　少なくとも 2 海里の視認距離を有する緑色の全周灯 2 個で最も見えやすい場所に 2 メートル（長さ 20 メートル未満の船舶にあっては，1 メートル）以上隔てて垂直線上に連掲されたもの

(2)　上の 1 個が白色のひし形，下の 2 個が紅色の球形である 3 個の形象物（長さ 20 メートル以上の船舶にあっては，その直径は，0.6 メートル以上とする。）

で最も見えやすい場所にそれぞれ1.5メートル以上隔てて垂直線上に連掲されたもの

第2章　交通方法

第1節　航路における一般的航法

（航路航行義務）

第3条　長さが50メートル以上の船舶は，別表第1各号の中欄に掲げるイの地点とロの地点との間を航行しようとするとき（同表第4号，第5号及び第12号から第17号までの中欄に掲げるイの地点とロの地点との間を航行しようとする場合にあっては，当該イの地点から当該ロの地点の方向に航行しようとするときに限る。）は，当該各号の右欄に掲げる航路の区間をこれに沿って航行しなければならない。ただし，海洋の調査その他の用務を行なうための船舶で法第4条本文の規定による交通方法に従わないで航行することがやむを得ないと当該用務が行なわれる海域を管轄する海上保安部の長が認めたものが航行しようとするとき，又は同条ただし書に該当するときは，この限りでない。

（速力の制限）

第4条　法第5条の国土交通省令で定める航路の区間は，次の表の左欄に掲げる航路ごとに同表の中欄に掲げるとおりとし，当該区間に係る同条の国土交通省令で定める速力は，それぞれ同表の右欄に掲げるとおりとする。

航路の名称	航路の区間	速　力
浦賀水道航路	航路の全区間	12ノット
中ノ瀬航路	航路の全区間	12ノット
伊良湖水道航路	航路の全区間	12ノット
備讃瀬戸東航路	男木島灯台（北緯34度26分1秒東経134度3分39秒）から353度に引いた線と航路の西側の出入口の境界線との間の航路の区間	12ノット
備讃瀬戸北航路	航路の東側の出入口の境界線と本島ジョウケンボ鼻から牛島北東端まで引いた線との間の航路の区間	12ノット
備讃瀬戸南航路	牛島ザトーメ鼻から160度に引いた線と航路の東側の出入口の境界線との間の航路の区間	12ノット
水島航路	航路の全区間	12ノット

(追越しの場合の信号)

第5条　法第6条の規定により行わなければならない信号は，船舶が他の船舶の右げん側を航行しようとするときは汽笛を用いた長音1回に引き続く短音1回とし，船舶が他の船舶の左げん側を航行しようとするときは汽笛を用いた長音1回に引き続く短音2回とする。

(追越しの禁止)

第5条の2　法第6条の2の国土交通省令で定める航路の区間は，来島海峡航路のうち，今治船舶通航信号所（北緯34度5分25秒東経132度59分16秒）から46度へ引いた線と津島潮流信号所（北緯34度9分7秒東経132度59分30秒）から208度へ引いた線との間の区間とする。

2　法第6条の2の国土交通省令で定める船舶は，海上交通安全法施行令（昭和48年政令第5号。以下「令」という。）第5条に規定する緊急用務を行うための船舶であって，当該緊急用務を行うために航路を著しく遅い速力で航行している船舶，順潮の場合にその速力に潮流の速度を加えた速度が4ノット未満で航行している船舶及び逆潮の場合にその速力から潮流の速度を減じた速度が4ノット未満で航行している船舶とする。

(進路を知らせるための措置)

第6条　法第7条の国土交通省令で定める船舶は，信号による表示を行う場合にあっては総トン数100トン未満の船舶とし，次項に掲げる措置を講じる場合にあっては船舶自動識別装置を備えていない船舶及び船員法施行規則（昭和22年運輸省令第23号）第3条の16ただし書の規定により船舶自動識別装置を作動させていない船舶とする。

2　法第7条の国土交通省令で定める措置は，船舶自動識別装置により目的地に関する情報を送信することとする。

3　法第7条の規定による信号による表示は，別表第2の左欄に掲げる船舶について，それぞれ同表の右欄に規定する信号の方法により行わなければならない。

4　第2項の規定による措置は，当該航路を航行する間，仕向港に関する情報その他の進路を知らせるために必要な情報について，海上保安庁長官が告示で定める記号により，船舶自動識別装置の目的地に関する情報として送信することにより行わなければならない。

(航路への出入又は航路の横断の制限)

第7条　法第9条の国土交通省令で定める航路の区間は，次の表の左欄に掲げる航路ごとに同表の中欄に掲げるとおりとし，当該区間に係る同条の国土交通省令で定める航行は，それぞれ同表の右欄に掲げるとおりとする。

航路の名称	航路の区間	してはならない航行
備讃瀬戸東航路	(1) 航路内にある宇高東航路の東側の側方の境界線及び同境界線の北方への延長線とこれらの線から1,000メートルの距離にある東側の線との間の航路の区間 (2) 宇高東航路の西側の側方の境界線と同境界線から500メートルの距離にある西側の線との間の航路の区間 (3) 航路内にある宇高西航路の東側の側方の境界線及び同境界線の北方への延長線とこれらの線から500メートルの距離にある東側の線との間の航路の区間 (4) 宇高西航路の西側の側方の境界線と同境界線から1,000メートルの距離にある西側の線との間の航路の区間	航路を横断する航行
来島海峡航路	大島地蔵鼻から来島白石灯標（緯度経度…略）まで引いた線と大島高山山頂（緯度経度…略）から265度に引いた線との間の航路の区間	航路外から航路に入り，航路から航路外に出，又は航路を横断する航行（中欄に掲げる航路の区間においてウズ鼻灯台（緯度経度…略）から139度に引いた線又は馬島スノ埼（緯度経度…略）から10度に引いた線を横切ることとなる場合に限る。）

（航路外での待機の指示）

第8条　法第10条の2の規定による指示は，次の表の左欄に掲げる航路ごとに，同表の右欄に掲げる場合において，海上保安庁長官が告示で定めるところにより，VHF無線電話その他の適切な方法により行うものとする。

航路の名称	危険を生ずるおそれのある場合
浦賀水道航路 中ノ瀬航路	次の各号のいずれかに該当する場合 (1) 視程が1,000メートルを超え2,000メートル以下の状態で，巨大船，総トン数50,000トン（積載している危険物が液化ガスである場合には，総トン数25,000トン）以上の危険物積載船（以

	下この表及び第15条第1項第7号において「特別危険物積載船」という。）又は船舶，いかだその他の物件を引き，若しくは押して航行する船舶であって，当該引き船の船首から当該物件の後端まで若しくは当該押し船の船尾から当該物件の先端までの距離が200メートル以上の船舶（以下この表及び同項第8号において「長大物件えい航船等」という。）が航路を航行する場合 (2) 視程が1,000メートル以下の状態で，長さ160メートル以上の船舶，総トン数10,000トン以上の危険物積載船又は長大物件えい航船等が航路を航行する場合
伊良湖水道航路	次の各号のいずれかに該当する場合 (1) 視程が1,000メートルを超え2,000メートル以下の状態で，巨大船，特別危険物積載船又は長大物件えい航船等が航路を航行する場合 (2) 視程が1,000メートル以下の状態で，巨大船，総トン数10,000トン以上の危険物積載船又は長大物件えい航船等が航路を航行する場合
明石海峡航路	次の各号のいずれかに該当する場合 (1) 視程が1,000メートルを超え2,000メートル以下の状態で，巨大船，特別危険物積載船又は長大物件えい航船等が航路を航行する場合 (2) 視程が1,000メートル以下の状態で，長さ160メートル以上の船舶，危険物積載船又は船舶，いかだその他の物件を引き，若しくは押して航行する船舶であって，当該引き船の船首から当該物件の後端まで若しくは当該押し船の船尾から当該物件の先端までの距離が160メートル以上である船舶が航路を航行する場合
備讃瀬戸東航路 宇高東航路 宇高西航路 備讃瀬戸北航路 備讃瀬戸南航路	次の各号のいずれかに該当する場合 (1) 視程が1,000メートルを超え2,000メートル以下の状態で，巨大船，特別危険物積載船又は長大物件えい航船等が航路を航行する場合 (2) 視程が1,000メートル以下の状態で，長さ160メートル以上の船舶，危険物積載船又は長大物件えい航船等が航路を航行する場合
水島航路	次の各号のいずれかに該当する場合 (1) 視程が1,000メートルを超え2,000メートル以下の状態で，巨大船，特別危険物積載船又は長大物件えい航船等が航路を航行する場合 (2) 視程が1,000メートル以下の状態で，長さ160メートル以上の

	船舶，危険物積載船又は長大物件えい航船等が航路を航行する場合
来島海峡航路	次の各号のいずれかに該当する場合 (1) 視程が1,000メートルを超え2,000メートル以下の状態で，巨大船，特別危険物積載船又は長大物件えい航船等が航路を航行する場合 (2) 視程が1,000メートル以下の状態で，長さ160メートル以上の船舶，危険物積載船又は船舶，いかだその他の物件を引き，若しくは押して航行する船舶であって，当該引き船の船首から当該物件の後端まで若しくは当該押し船の船尾から当該物件の先端までの距離が100メートル以上である船舶が航路を航行する場合 (3) 潮流をさかのぼって航路を航行する船舶が潮流の速度に4ノットを加えた速力以上の速力を保つことができずに航行するおそれがある場合

2　前項に定めるもののほか，伊良湖水道航路内において巨大船と長さ130メートル以上の船舶（巨大船を除く。）とが行き会うことが予想される場合及び水島航路内において巨大船と長さ70メートル以上の船舶（巨大船を除く。）とが行き会うことが予想される場合には，法第10条の2の規定による指示は，次の表の左欄に掲げる航路ごとに，海上保安庁長官が告示で定めるところによりVHF無線電話その他の適切な方法により行うとともに，同表の中欄に掲げる信号の方法により行うものとする。この場合において，同欄に掲げる信号の意味は，それぞれ同表の右欄に掲げるとおりとする。

航路の名称	信号の方法			信号の意味
	信号所の名称及び位置	昼　間	夜　間	
伊良湖水道航路	伊良湖水道航路管制信号所（北緯34度34分50秒東経137度1分）	153度及び293度方向に面する信号板による。		
		Nの文字の点滅		伊良湖水道航路を南東の方向に航行しようとする長さ130メートル以上の船舶（巨大船を除く。）は，航路外で待機しなければならないこと。
		Sの文字の点滅		伊良湖水道航路を北西の方向に航行しようとする長さ130メートル以上の船舶（巨大船を除く。）は，航路外で待

			機しなければならないこと。
		Nの文字及びSの文字の交互点滅	伊良湖水道航路を航行しようとする長さ130メートル以上の船舶（巨大船を除く。）は，航路外で待機しなければならないこと。
水島航路	水島航路西ノ埼管制信号所（北緯34度26分9秒東経133度47分12秒）	120度，180度及び290度方向に面する信号板による。	
		Nの文字の点滅	水島航路を南の方向に航行しようとする長さ70メートル以上の船舶（巨大船を除く。）は，航路外で待機しなければならないこと。
		Sの文字の点滅	水島航路を北の方向に航行しようとする長さ70メートル以上の船舶（巨大船を除く。）は，航路外で待機しなければならないこと。
	水島航路三ツ子島管制信号所（北緯34度22分19秒東経133度49分23秒及び北緯34度22分18秒東経133度49分21秒）	55度及び115度方向に面する信号板並びに225度及び300度方向に面する信号板による。	
		Nの文字の点滅	水島航路を南の方向に航行しようとする長さ70メートル以上の船舶（巨大船を除く。）は，航路外で待機しなければならないこと。
		Sの文字の点滅	水島航路を北の方向に航行しようとする長さ70メートル以上の船舶（巨大船を除く。）は，航路外で待機しなければならないこと。

3　前項の場合において，信号装置の故障その他の事由により前項の信号の方法を用いることができないときの信号の方法は，次の表の左欄に掲げる航路ごとに同表の中欄に掲げるとおりとし，その意味は，それぞれ同表の右欄に掲げるとおりとする。

航路の名称	信号の方法			信号の意味
	海上保安庁の船舶が信号を行う位置	昼間	夜間	
伊良湖水道航路	神島灯台（北緯34度32分55秒東経136度59分11秒）から340度3,540メートルの地点付近	縦に上から国際信号旗の第1代表旗1旒及びL旗1旒	発光信号によるモールス符号のRZSの信号	伊良湖水道航路を南東の方向に航行しようとする長さ130メートル以上の船舶（巨大船を除く。）は，航路外で待機しなければならないこと。
	伊良湖岬灯台（北緯34度34分46秒東経137度58秒）から160度3,500メートルの地点付近	縦に上から国際信号旗の第2代表旗1旒及びL旗1旒	発光信号によるモールス符号のRZNの信号	伊良湖水道航路を北西の方向に航行しようとする長さ130メートル以上の船舶（巨大船を除く。）は，航路外で待機しなければならないこと。
	神島灯台から340度3,540メートルの地点付近及び伊良湖岬灯台から160度3,500メートルの地点付近	縦に上から国際信号旗の第3代表旗1旒及びL旗1旒	発光信号によるモールス符号のRZSNの信号	伊良湖水道航路を航行しようとする長さ130メートル以上の船舶（巨大船を除く。）は，航路外で待機しなければならないこと。
水島航路	太濃地島三角点（北緯34度26分52秒東経133度45分12秒）から97度1,400メートルの地点付近	縦に上から国際信号旗の第1代表旗1旒及びL旗1旒	発光信号によるモールス符号のRZSの信号	水島航路を南の方向に航行しようとする長さ70メートル以上の船舶（巨大船を除く。）は，航路外で待機しなければならないこと。
		縦に上から国際信号旗の第2代表旗1旒及びL旗1旒	発光信号によるモールス符号のRZNの信号	水島航路を北の方向に航行しようとする長さ70メートル以上の船舶（巨大船を除く。）は，航路外で待機しなければならないこと。
	鍋島灯台（北緯34度22分57秒東経133度49分25秒）から230度1,500メートルの地点付近	縦に上から国際信号旗の第1代表旗1旒及びL旗1旒	発光信号によるモールス符号のRZSの信号	水島航路を南の方向に航行しようとする長さ70メートル以上の船舶（巨大船を除く。）は，航路外で待機しなければならないこと。
		縦に上から	発光信号に	水島航路を北の方向に航行し

		国際信号旗の第2代表旗1旒及びL旗1旒	よるモールス符号のRZNの信号	ようとする長さ70メートル以上の船舶（巨大船を除く。）は，航路外で待機しなければならないこと。
備考　天候の状況等により夜間の信号を昼間用いる場合がある。				

第2節　航路ごとの航法

（来島海峡航路）

第9条　法第20条第1項第5号の国土交通省令で定める速力は，潮流の速度に4ノットを加えた速力とする。

2　法第20条第2項の規定により海上保安庁長官が示す流向は，来島長瀬ノ鼻潮流信号所（北緯34度6分35秒東経133度2分1秒），津島潮流信号所，大浜潮流信号所（北緯34度5分25秒東経132度59分16秒），又は来島大角鼻潮流信号所（北緯34度8分25秒東経132度56分28秒）の示す潮流信号によるものとする。

3　法第20条第4項の規定による通報は，来島海峡航路において転流する時刻の1時間前から転流する時刻までの間に同航路を航行しようとする船舶が次の各号に定める線を横切った後直ちに，海上保安庁長官が告示で定めるところにより，VHF無線電話その他の適切な方法により行うものとする。

(1)　梶島三角点（北緯34度7分21秒東経133度9分31秒）から325度220メートルの地点から325度に陸岸まで引いた線

(2)　梶島三角点から218度320メートルの地点から218度に陸岸まで引いた線

(3)　比岐島灯台（北緯34度3分30秒東経133度5分54秒）から218度120メートルの地点から218度に陸岸まで引いた線

(4)　大浜潮流信号所から107度610メートルの地点から120度4,280メートルの地点まで引いた線及び同地点から189度に陸岸まで引いた線

(5)　小島東灯標（北緯34度7分44秒東経132度59分2秒）から199度470メートルの地点から199度に陸岸まで引いた線

(6)　小島東灯標と大角鼻（北緯34度8分34秒東経132度56分31秒）とを結んだ線

(7)　大角鼻から250度4,330メートルの地点まで引いた線及び同地点から205度に陸岸まで引いた線

(8)　来島梶取鼻灯台（北緯 34 度 7 分 6 秒東経 132 度 53 分 33 秒）から 272 度 90 メートルの地点から 272 度に陸岸まで引いた線

(9)　斎島東端（北緯 34 度 7 分 16 秒東経 132 度 48 分 2 秒）から 0 度に陸岸まで引いた線

(10)　アゴノ鼻灯台（北緯 34 度 10 分 57 秒東経 132 度 55 分 56 秒）から 255 度に陸岸まで引いた線

(11)　アゴノ鼻灯台から 75 度 3,970 メートルの地点まで引いた線及び同地点から 159 度 30 分に陸岸まで引いた線

(12)　津島潮流信号所から 141 度 300 メートルの地点から 141 度に陸岸まで引いた線

4　法第 20 条第 4 項の国土交通省令で定める事項は，次の各号に掲げる事項とする。

(1)　船舶の名称

(2)　海上保安庁との連絡手段

(3)　航行する速力

(4)　航路外から航路に入ろうとする時刻

5　法第 21 条第 1 項の規定により次の各号に掲げる場合に行う信号は，当該各号に掲げる信号とする。

(1)　法第 21 条第 1 項第 1 号に掲げる場合（中水道に係る場合に限る。）

津島一ノ瀬鼻又は竜神島に並航した時から中水道を通過し終る時まで汽笛を用いて鳴らす長音 1 回

(2)　法第 21 条第 1 項第 1 号に掲げる場合（西水道に係る場合に限る。）

津島一ノ瀬鼻又は竜神島に並航した時から西水道を通過し終る時まで汽笛を用いて鳴らす長音 2 回

(3)　法第 21 条第 1 項第 2 号に掲げる場合

来島又は竜神島に並航した時から西水道を通過し終る時まで汽笛を用いて鳴らす長音 3 回

6　法第 21 条第 2 項の国土交通省令で定める海域は，蒼社川口右岸突端（北緯 34 度 3 分 34 秒東経 133 度 1 分 13 秒）から大島タケノ鼻まで引いた線，大下島アゴノ鼻から梶取鼻及び大島宮ノ鼻まで引いた線並びに陸岸により囲まれた海域のうち航路以外の海域とする。

第3節　特殊な船舶の航路における交通方法の特則

（巨大船に準じて航行に関する通報を行う船舶）

第10条　法第22条第2号の国土交通省令で定める長さは，次の表の左欄に掲げる航路ごとに同表の右欄に掲げるとおりとする。

航路の名称	長　さ
浦賀水道航路	160メートル
中ノ瀬航路	160メートル
伊良湖水道航路	130メートル
明石海峡航路	160メートル
備讃瀬戸東航路	160メートル
宇高東航路	160メートル
宇高西航路	160メートル
備讃瀬戸北航路	160メートル
備讃瀬戸南航路	160メートル
水島航路	70メートル
来島海峡航路	160メートル

（危険物積載船）

第11条　法第22条第3号の国土交通省令で定める危険物は，次の各号に掲げるとおりとし，当該危険物に係る同号の国土交通省令で定める総トン数は，当該各号に掲げるとおりとする。

(1)　火薬類（その数量が，爆薬にあっては80トン以上，次の表の左欄に掲げる火薬類にあってはそれぞれ同表の右欄に掲げる数量をそれぞれ爆薬1トンとして換算した場合に80トン以上であるものに限る。）　総トン数300トン

火薬類		爆薬1トンに換算される数量
火　薬		2トン
火工品（弾薬を含む。以下この表において同じ。）	実包又は空包	200万個
	信管又は火管	5万個
	銃用雷管	1,000万個
	工業雷管又は電気雷管	100万個
	信号雷管	25万個
	導爆線	50キロメートル
	その他	その原料をなす火薬2トン又は爆薬1トン

爆薬，火薬及び火工品以外の物質で爆発性を有するもの	2トン

(2) ばら積みの高圧ガスで引火性のもの　総トン数1,000トン

(3) ばら積みの引火性液体類　総トン数1,000トン

(4) 有機過酸化物（その数量が200トン以上であるものに限る。）　総トン数300トン

2 前項の火薬類，高圧ガス，引火性液体類及び有機過酸化物には，船舶に積載しているこれらの物で当該船舶の使用に供するものは含まないものとする。

3 第1項第2号又は第3号に掲げる危険物を積載していた総トン数1,000トン以上の船舶で当該危険物を荷卸し後ガス検定を行い，火災又は爆発のおそれのないことを船長が確認していないものは，法の適用については，その危険物を積載している危険物積載船とみなす。

(物件えい航船等)

第12条 法第22条第4号の国土交通省令で定める距離は，次の表の左欄に掲げる航路ごとに同表の右欄に掲げるとおりとする。

航路の名称	距　離
浦賀水道航路	200メートル
中ノ瀬航路	200メートル
伊良湖水道航路	200メートル
明石海峡航路	160メートル
備讃瀬戸東航路	200メートル
宇高東航路	200メートル
宇高西航路	200メートル
備讃瀬戸北航路	200メートル
備讃瀬戸南航路	200メートル
水島航路	200メートル
来島海峡航路	100メートル

(巨大船等の航行に関する通報事項)

第13条 法第22条の国土交通省令で定める事項は，次に掲げる事項とする。

(1) 船舶の名称，総トン数及び長さ

(2) 航行しようとする航路の区間，航路外から航路に入ろうとする時刻（以下「航路入航予定時刻」という。）及び航路から航路外に出ようとする時刻

(3) 船舶局（電波法（昭和25年法律第131号）第6条第3項に規定する船舶局をいう。以下同じ。）のある船舶にあっては，その呼出符号又は呼出名称
(4) 船舶局のない船舶にあっては，海上保安庁との連絡手段
(5) 仕向港の定まっている船舶にあっては，仕向港
(6) 巨大船にあっては，その喫水
(7) 危険物積載船にあっては，積載している危険物（第11条第1項各号に掲げる危険物をいう。以下同じ。）の種類及び種類ごとの数量
(8) 物件えい航船等（法第22条第4号に掲げる船舶をいう。以下同じ。）にあっては，引き船の船首から当該引き船の引く物件の後端まで又は押し船の船尾から当該押し船の押す物件の先端までの距離及び当該物件の概要

（巨大船等の航行に関する通報の方法）

第14条 次の各号に掲げる船舶の船長は，航路外から航路に入ろうとする日（以下「航路入航予定日」という。）の前日正午までに，前条第1号から第5号までに掲げる事項及び巨大船である船舶にあっては同条第6号，危険物積載船である船舶にあっては同条第7号，物件えい航船等である船舶にあっては同条第8号に掲げる事項を通報しなければならず，航路入航予定時刻の3時間前までの間においてその通報した事項に関し変更があったときは，当該航路入航予定時刻の3時間前にその旨を通報し，以後その通報した事項に関し変更があったときは，直ちに，その旨を通報しなければならない。
(1) 巨大船
(2) 法第22条第2号に掲げる船舶（水島航路を航行しようとする長さ70メートル以上160メートル未満の船舶を除く。）
(3) 積載している危険物が液化ガスである総トン数25,000トン以上の危険物積載船
(4) 物件えい航船等

2 次の各号に掲げる船舶の船長は，航路入航予定時刻の3時間前までに前条第1号から第5号までに掲げる事項及び危険物積載船である船舶にあっては同条第7号に掲げる事項を通報しなければならず，その通報した事項に関し変更があったときは，直ちに，その旨を通報しなければならない。
(1) 法第22条第2号に掲げる船舶（水島航路を航行しようとする長さ70メートル以上160メートル未満の船舶に限る。）
(2) 危険物積載船（前項各号に掲げる船舶を除く。）

3 巨大船等の船長は，航路を航行する必要が緊急に生じたとき，その他前二項の

規定により通報をすることができないことがやむを得ないと航路ごとに次項各号に掲げる海上交通センターの長が認めたときは，前二項の規定にかかわらず，あらかじめ，前条各号に掲げる事項を通報すれば足りる。

4 前各項の規定による通報は，海上保安庁長官が告示で定める方法に従い，航行しようとする航路ごとに次の各号に掲げる海上交通センターの長に対して行わなければならない。

(1) 浦賀水道航路又は中ノ瀬航路　東京湾海上交通センター
(2) 伊良湖水道航路　伊勢湾海上交通センター
(3) 明石海峡航路　大阪湾海上交通センター
(4) 備讃瀬戸東航路，宇高東航路，宇高西航路，備讃瀬戸北航路，備讃瀬戸南航路又は水島航路　備讃瀬戸海上交通センター
(5) 来島海峡航路　来島海峡海上交通センター

(巨大船等に対する指示)

第15条 法第23条の規定により巨大船等の運航に関し指示することができる事項は，次に掲げる事項とする。

(1) 航路入航予定時刻の変更
(2) 航路を航行する速力
(3) 船舶局のある船舶にあっては，航路入航予定時刻の3時間前から当該航路から航路外に出るときまでの間における海上保安庁との間の連絡の保持
(4) 巨大船にあっては，余裕水深の保持
(5) 長さ250メートル以上の巨大船又は危険物積載船である巨大船にあっては，進路を警戒する船舶の配備
(6) 巨大船又は危険物積載船にあっては，航行を補助する船舶の配備
(7) 特別危険物積載船にあっては，消防設備を備えている船舶の配備
(8) 長大物件えい航船等にあっては，側方を警戒する船舶の配備
(9) 前各号に掲げるもののほか，巨大船等の運航に関し必要と認められる事項

2 海上保安庁長官は，前項第5号，第7号又は第8号に掲げる事項を指示する場合における指示の内容に関し，基準を定め，これを告示するものとする。

(緊急用務を行うための船舶の指定の申請)

第16条 令第5条の規定による指定を受けようとする者は，別記様式による申請書をその者の住所地を管轄する管区海上保安本部長（以下この節において「所轄本部長」という。）に提出しなければならない。

2 所轄本部長は，令第5条の規定による申請があった場合において必要があると

認めるときは，船舶国籍証書，船舶検査証書その他の船舶に関する事項を証する書類の提示を求めることができる。

（緊急船舶指定証の交付及び備付け）

第17条　令第5条の規定による指定は，緊急用務の範囲を定め，その範囲及び次に掲げる事項を記載した緊急船舶指定証を交付することによって行う。

(1)　緊急船舶指定証の交付番号及び交付年月日

(2)　船舶の船舶番号，名称，総トン数及び船籍港

(3)　船舶を使用する者の氏名又は名称及び住所並びに法人にあっては，その代表者の氏名

2　令第5条の規定による指定を受けた船舶（以下「緊急船舶」という。）を使用する者（以下「緊急船舶使用者」という。）は，前項の規定により交付を受けた緊急船舶指定証を当該緊急船舶内に備え付けなければならない。

（緊急船舶指定証の書換え）

第18条　緊急船舶使用者は，前条第1項第2号及び第3号に掲げる事項について変更があったときは，遅滞なく，その旨を記載した申請書に緊急船舶指定証を添えて，所轄本部長（海上保安管区の区域を異にしてその者の住所地を変更した場合は，変更した後の所轄本部長）に提出し，その書換えを受けなければならない。

（緊急船舶指定証の再交付）

第19条　緊急船舶使用者は，緊急船舶指定証を亡失し，又はき損したときは，所轄本部長に緊急船舶指定証の再交付を申請することができる。

2　所轄本部長は，前項の申請が正当であると認めるときは，緊急船舶指定証をその者に再交付するものとする。

（緊急船舶指定証の返納）

第20条　緊急船舶使用者は，次に掲げる場合には，遅滞なく，その受有する緊急船舶指定証（第2号の場合にあっては，発見した緊急船舶指定証）を所轄本部長に返納しなければならない。

(1)　緊急船舶を緊急船舶指定証に記載された緊急用務を行なうための船舶として使用しないこととなったとき。

(2)　緊急船舶指定証を亡失したことにより緊急船舶指定証の再交付を受けた後その亡失した緊急船舶指定証を発見したとき。

（緊急用務を行う場合の灯火等）

第21条　令第6条の国土交通省令で定める紅色の灯火は，少なくとも2海里の視

認距離を有し，一定の間隔で毎分180回以上200回以下のせん光を発する紅色の全周灯とする。

2　令第6条の国土交通省令で定める紅色の標識は，頂点を上にした紅色の円すい形の形象物でその底の直径が0.6メートル以上，その高さが0.5メートル以上であるものとする。

第4節　灯火等

（巨大船及び危険物積載船の灯火等）

第22条　法第27条第1項の規定による灯火又は標識の表示は，次の表の左欄に掲げる船舶の区分に応じ，夜間は，それぞれ同表の中欄に掲げる灯火を，昼間は，それぞれ同表の右欄に掲げる標識を最も見えやすい場所に表示することによりしなければならない。

船　舶	灯　火	標　識
巨大船	少なくとも2海里の視認距離を有し，一定の間隔で毎分180回以上200回以下のせん光を発する緑色の全周灯1個	その直径が0.6メートル以上であり，その高さが直径の2倍である黒色の円筒形の形象物2個で1.5メートル以上隔てて垂直線上に連掲されたもの（海上衝突予防法第28条の規定により円筒形の形象物1個を表示する巨大船については，その形象物と同一の垂直線上に連掲されないものに限る。）
危険物積載船	少なくとも2海里の視認距離を有し，一定の間隔で毎分120回以上140回以下のせん光を発する紅色の全周灯1個	縦に上から国際信号旗の第1代表旗1旒及びB旗1旒

（押されている物件の灯火等）

第23条　法第29条第1項の国土交通省令で定める距離は，50メートルとする。

2　法第29条第2項の国土交通省令で定める灯火は，次の表の左欄に掲げる緑灯及び紅灯（押す物件にこれらの灯火を表示することが実行に適しない場合にあっては，同表の左欄に掲げる緑紅の両色灯）でそれぞれ同表の右欄に掲げる要件に適合するものそれぞれ1個とする。

灯　火	要　件
緑　灯	(1)　当該物件の右端にあること。 (2)　コンパスの112度30分にわたる水平の弧を完全に照らす構造であること。 (3)　射光が当該物件の正先端方向から右側正横後22度30分の間を照らすように装置されていること。 (4)　少なくとも2海里の視認距離を有すること。
紅　灯	(1)　当該物件の左端にあること。 (2)　コンパスの112度30分にわたる水平の弧を完全に照らす構造であること。 (3)　射光が当該物件の正先端方向から左側正横後22度30分の間を照らすように装置されていること。 (4)　少なくとも2海里の視認距離を有すること。
緑紅の両色灯	(1)　当該物件の中央部にあること。 (2)　緑色又は紅色の射光がそれぞれ当該物件の正先端方向から右側又は左側正横後22度30分の間を照らすように装置されていること。 (3)　少なくとも1海里の視認距離を有すること。

第5節　船舶の安全な航行を援助するための措置

(海上保安庁長官による情報の提供)

第23条の2　法第30条第1項の国土交通省令で定める海域は，別表第3の左欄に掲げる航路ごとに，同表の右欄に掲げる海域とする。

2　法第30条第1項の規定による情報の提供は，海上保安庁長官が告示で定めるところにより，VHF無線電話により行うものとする。

3　法第30条第1項の国土交通省令で定める情報は，次に掲げる情報とする。

(1)　特定船舶が航路及び第1項に規定する海域において適用される交通方法に従わないで航行するおそれがあると認められる場合における，当該交通方法に関する情報

(2)　船舶の沈没，航路標識の機能の障害その他の船舶交通の障害であって，特定船舶の航行の安全に著しい支障を及ぼすおそれのあるものの発生に関する情報

(3)　特定船舶が，工事又は作業が行われている海域，水深が著しく浅い海域その他の特定船舶が安全に航行することが困難な海域に著しく接近するおそれがある場合における，当該海域に関する情報

(4)　他の船舶の進路を避けることが容易でない船舶であって，その航行により特

定船舶の航行の安全に著しい支障を及ぼすおそれのあるものに関する情報
(5) 特定船舶が他の特定船舶に著しく接近するおそれがあると認められる場合における，当該他の特定船舶に関する情報
(6) 前各号に掲げるもののほか，特定船舶において聴取することが必要と認められる情報

(情報の聴取が困難な場合)

第23条の3 法第30条第2項の国土交通省令で定める場合は，次に掲げるものとする。
(1) VHF無線電話を備えていない場合
(2) 電波の伝搬障害等によりVHF無線電話による通信が困難な場合
(3) 他の船舶等とVHF無線電話による通信を行っている場合

(航法の遵守及び危険の防止のための勧告)

第23条の4 法第31条第1項の規定による勧告は，海上保安庁長官が告示で定めるところにより，VHF無線電話その他の適切な方法により行うものとする。

第6節　異常気象等時における措置

(異常気象等時特定船舶に対する情報の提供)

第23条の5 法第33条第1項の国土交通省令で定める海域は，別表第4のとおりとする。

2 法第33条第1項の規定による情報の提供は，海上保安庁長官が告示で定めるところにより，VHF無線電話により行うものとする。

3 法第33条第1項の国土交通省令で定める情報は，次に掲げる情報とする。
(1) 異常気象等時特定船舶の進路前方にびょう泊をしている他の船舶に関する情報
(2) 異常気象等時特定船舶のびょう泊に異状が生ずるおそれに関する情報
(3) 異常気象等時特定船舶の周辺にびょう泊をしている他の異常気象等時特定船舶のびょう泊の異状の発生又は発生のおそれに関する情報
(4) 船舶の沈没，航路標識の機能の障害その他の船舶交通の障害であって，異常気象等時特定船舶の航行，停留又はびょう泊の安全に著しい支障を及ぼすおそれのあるものの発生に関する情報
(5) 前各号に掲げるもののほか，当該海域において安全に航行し，停留し，又はびょう泊をするために異常気象等時特定船舶において聴取することが必要と認

められる情報

（異常気象等時特定船舶において情報の聴取が困難な場合）

第23条の6 法第33条第3項の国土交通省令で定める場合は，次に掲げるものとする。

⑴ VHF無線電話を備えていない場合

⑵ 電波の伝搬障害等によりVHF無線電話による通信が困難な場合

⑶ 他の船舶等とVHF無線電話による通信を行っている場合

（異常気象等時特定船舶に対する危険の防止のための勧告）

第23条の7 法第34条第1項の規定による勧告は，海上保安庁長官が告示で定めるところにより，VHF無線電話その他の適切な方法により行うものとする。

第7節　指定海域における措置

（指定海域への入域に関する通報）

第23条の8 法第36条の規定による通報は，指定海域に入域しようとする船舶が当該指定海域と他の海域との境界線を横切る時に，海上保安庁長官が告示で定めるところにより，VHF無線電話その他の適切な方法により行うものとする。ただし，当該船舶が船舶自動識別装置を備えている場合において，当該船舶自動識別装置を作動させているときは，この限りでない。

2 法第36条の国土交通省令で定める事項は，次に掲げる事項（簡易型船舶自動識別装置を備える船舶にあっては，当該簡易型船舶自動識別装置により送信される事項以外の事項に限る。）とする。

⑴ 船舶の名称及び長さ

⑵ 船舶の呼出符号

⑶ 仕向港の定まっている船舶にあっては，仕向港

⑷ 船舶の喫水

⑸ 通報の時点における船舶の位置

（非常災害発生周知措置がとられた際の海上保安庁長官による情報の提供）

第23条の9 法第38条第1項の規定による情報の提供は，海上保安庁長官が告示で定めるところにより，VHF無線電話により行うものとする。

2 法第38条第1項の国土交通省令で定める情報は，次に掲げる情報とする。

⑴ 非常災害の発生の状況に関する情報

⑵ 船舶交通の制限の実施に関する情報

(3) 船舶の沈没，航路標識の機能の障害その他の船舶交通の障害であって，指定海域内船舶の航行の安全に著しい支障を及ぼすおそれのあるものの発生に関する情報

(4) 指定海域内船舶が，船舶のびょう泊により著しく混雑する海域，水深が著しく浅い海域その他の指定海域内船舶が航行の安全を確保することが困難な海域に著しく接近するおそれがある場合における，当該海域に関する情報

(5) 前各号に掲げるもののほか，指定海域内船舶が航行の安全を確保するために聴取することが必要と認められる情報

(非常災害発生周知措置がとられた際の情報の聴取が困難な場合)

第23条の10 法第38条第2項の国土交通省令で定める場合は，次に掲げるものとする。

(1) VHF無線電話を備えていない場合

(2) 電波の伝搬障害等によりVHF無線電話による通信が困難な場合

(3) 他の船舶等とVHF無線電話による通信を行っている場合

第3章 危険の防止

(許可を要しない行為)

第24条 法第40条第1項ただし書の国土交通省令で定める行為は，次に掲げる行為とする。

(1) 人命又は船舶の急迫した危難を避けるために行なわれる仮工作物の設置その他の応急措置として必要とされる行為

(2) 漁具の設置その他漁業を行なうために必要とされる行為

(3) 海面の最高水面からの高さが65メートルをこえる空域における行為

(4) 海底下5メートルをこえる地下における行為

(許可の申請)

第25条 法第40条第1項の許可を受けようとする者は，次に掲げる事項を記載した申請書2通を当該申請に係る行為に係る場所を管轄する海上保安部の長を経由して管区海上保安本部長に提出しなければならない。

(1) 氏名又は名称及び住所並びに法人にあっては，その代表者の氏名

(2) 当該行為の種類

(3) 当該行為の目的

(4) 当該行為に係る場所
(5) 当該行為の方法
(6) 当該行為により生じるおそれがある船舶交通の妨害を予防するために講ずる措置の概要
(7) 当該行為の着手及び完了の予定期日
(8) 法第40条第1項第1号に掲げる者にあっては，次に掲げる事項
イ 現場責任者の氏名及び住所
ロ 当該行為をするために使用する船舶の概要
(9) 法第40条第1項第2号に掲げる者にあっては，当該行為に係る工作物の概要

2 前項の申請書には，位置図並びに当該行為に係る工作物の平面図，断面図及び構造図を添附しなければならない。

(届出を要しない行為)

第26条 法第41条第1項ただし書の国土交通省令で定める行為は，次に掲げる行為とする。
(1) 第24条各号に掲げる行為
(2) 魚礁の設置その他漁業生産の基盤の整備又は開発を行なうために必要とされる行為
(3) ガス事業法（昭和29年法律第51号）によるガス事業の用に供するガス工作物（海底敷設導管及びその附属設備に限る。）及び電気事業法（昭和39年法律第170号）による電気事業の用に供する電気工作物（電線路及び取水管並びにこれらの附属設備に限る。）の設置

(届出)

第27条 法第41条第1項の規定により届出をしようとする者は，次に掲げる事項を記載した届出書2通を当該届出に係る行為に係る場所を管轄する海上保安監部，海上保安部又は海上保安航空基地の長を経由して管区海上保安本部長に提出しなければならない。
(1) 第25条第1項第1号から第5号まで及び第7号に掲げる事項
(2) 当該行為により生ずるおそれがある船舶交通の危険を防止するために講ずる措置の概要
(3) 法第41条第1項第1号に掲げる者にあっては，第25条第1項第8号に掲げる事項
(4) 法第41条第1項第2号に掲げる者にあっては，第25条第1項第9号に掲げ

る事項

⑸　係留施設の設置をしようとする者にあっては，当該係留施設の使用の計画

2　前項の届出書には，位置図，当該行為に係る工作物の平面図，断面図及び構造図並びに当該工作物が係留施設に係る場合にあっては，当該係留施設の使用の計画の作成の基礎を記載した書類を添附しなければならない。

（海難が発生した場合の措置）

第28条　法第43条第1項の規定による応急の措置は，次に掲げる措置のうち船舶交通の危険を防止するため有効かつ適切なものでなければならない。

⑴　当該海難により航行することが困難となった船舶を他の船舶交通に危険を及ぼすおそれがない海域まで移動させ，かつ，当該船舶が移動しないように必要な措置をとること。

⑵　当該海難により沈没した船舶の位置を示すための指標となるように，次の表の左欄に掲げるいずれかの場所に，それぞれ同表の右欄に掲げる要件に適合する灯浮標を設置すること。

場　所	要　件
沈没した船舶の位置の北側	⑴　頭標（灯浮標の最上部に掲げられる形象物をいう。以下同じ。）は，黒色の上向き円すい形形象物2個を垂直線上に連掲したものであること。 ⑵　標体（灯浮標の頭標及び灯火以外の海面上に出ている部分をいう。以下同じ。）は，上半部を黒，下半部を黄に塗色したものであること。 ⑶　灯火は，連続するせん光を発する白色の全周灯であること。 ⑷　連続するせん光は，1.2秒の周期で発せられるものであること。
沈没した船舶の位置の東側	⑴　頭標は，黒色の上向き円すい形形象物1個と黒色の下向き円すい形形象物1個とを上から順に垂直線上に連掲したものであること。 ⑵　標体は，上部を黒，中央部を黄，下部を黒に塗色したものであること。 ⑶　灯火は，10秒の周期で，連続するせん光3回を発する白色の全周灯であること。 ⑷　連続するせん光は，1.2秒の周期で発せられるものであること。
沈没した船舶の位置の南側	⑴　頭標は，黒色の下向き円すい形形象物2個を垂直線上に連掲したものであること。 ⑵　標体は，上半部を黄，下半部を黒に塗色したものであること。 ⑶　灯火は，15秒の周期で，連続するせん光6回に引き続く2秒の光1回を発する白色の全周灯であること。 ⑷　連続するせん光は，1.2秒の周期で発せられるものであること。

沈没した船舶の位置の西側	(1) 頭標は，黒色の下向き円すい形形象物1個と黒色の上向き円すい形形象物1個とを上から順に垂直線上に連掲したものであること。 (2) 標体は，上部を黄，中央部を黒，下部を黄に塗色したものであること。 (3) 灯火は，15秒の周期で，連続するせん光9回を発する白色の全周灯であること。 (4) 連続するせん光は，1.2秒の周期で発せられるものであること。

(3) 当該海難に係る船舶の積荷が海面に脱落し，及び散乱するのを防ぐため必要な措置をとること。

第29条 法第43条第1項の規定による通報は，当該海難の発生した海域を管轄する海上保安監部，海上保安部又は海上保安航空基地の長にしなければならない。

第4章 雑 則

(航路等を示す航路標識の設置)

第30条 法第45条の規定により航路標識を設置する場合は，次に掲げる基準に適合し，かつ，船舶交通の安全を図るため適切な位置に設置するものとする。

(1) 浦賀水道航路及び備讃瀬戸東航路にあっては，これらの航路の側方の境界線又は中央線上にあること。

(2) 中ノ瀬航路，伊良湖水道航路，宇高東航路，宇高西航路，備讃瀬戸北航路，備讃瀬戸南航路，水島航路及び来島海峡航路にあっては，これらの航路の側方の境界線上にあること。

(3) 明石海峡航路にあっては，当該航路の中央線上にあること。

(4) 法第5条，法第6条の2及び第9条の航路の区間にあっては，当該区間の境界線又はその延長線上にあること。

(情報の周知)

第31条 海上保安庁長官は，法第26条の規定により，船舶の航行，停留若しくはびょう泊を制限し，又は特別の交通方法を定めたときは，水路通報その他適切な手段により，関係者に対し，その周知を図るものとする。

2 第14条第4項各号に掲げる海上交通センターの長は，同条第1項又は第3項の規定による通報（巨大船に係るものに限る。）を受けたときは，関係者に対し，その周知を図るものとする。

（権限の委任）

第32条 法第10条の2，法第20条第3項及び第4項，法第22条，法第23条，法第30条第1項並びに法第31条第1項及び第2項の規定による海上保安庁長官の権限は，当該航路の所在する海域を管轄する管区海上保安本部長に行わせる。

2 法第32条第1項の規定による海上保安庁長官の権限は，当該船舶交通の危険が生じ，又は生ずるおそれがある海域を管轄する管区海上保安本部長に行わせる。

3 法第32条第2項の規定による海上保安庁長官の権限は，当該船舶交通の危険が生ずるおそれがあると予想される海域を管轄する管区海上保安本部長に行わせる。

4 法第33条第1項及び第2項並びに法第34条第1項及び第2項の規定による海上保安庁長官の権限は，法第33条第1項に規定する当該海域を管轄する管区海上保安本部長に行わせる。

5 法第35条第1項の規定による海上保安庁長官の権限は，当該協議会を組織しようとする湾その他の海域を管轄する管区海上保安本部長に行わせる。

6 法第36条，法第38条第1項及び法第39条の規定による海上保安庁長官の権限は，当該指定海域を管轄する管区海上保安本部長に行わせる。

7 法第40条第1項から第5項まで及び第7項，法第41条第1項から第5項まで並びに法第42条の規定による海上保安庁長官の権限は，当該行為に係る場所を管轄する管区海上保安本部長に行わせる。

8 法第43条の規定による海上保安庁長官の権限は，当該海難が発生した海域を管轄する管区海上保安本部長に行わせる。

9 法第26条の規定による海上保安庁長官の権限（同条第1項ただし書に規定する方法により処分をする場合に限る。）は，当該船舶交通の危険が生じ，又は生ずるおそれのある海域を管轄する管区海上保安本部長も行うことができる。

10 法第37条の規定による海上保安庁長官の権限は，当該指定海域を管轄する管区海上保安本部長も行うことができる。

11 管区海上保安本部長は，次の各号に掲げる権限を当該各号に掲げる海上保安監部，海上保安部，海上保安航空基地又は海上交通センターの長に行わせるものとする。

(1) 法第10条の2，法第22条，法第23条，法第30条第1項並びに法第31条第1項及び第2項の規定による権限

イ　東京湾海上交通センター（浦賀水道航路及び中ノ瀬航路に係るものに限る。）

ロ　伊勢湾海上交通センター（伊良湖水道航路に係るものに限る。）

ハ　大阪湾海上交通センター（明石海峡航路に係るものに限る。）

ニ　備讃瀬戸海上交通センター（備讃瀬戸東航路，宇高東航路，宇高西航路，備讃瀬戸北航路，備讃瀬戸南航路及び水島航路に係るものに限る。）

ホ　来島海峡海上交通センター（来島海峡航路に係るものに限る。）

(2)　法第20条第3項及び第4項の規定による権限　来島海峡海上交通センター

(3)　法第33条第1項並びに法第34条第1項及び第2項の規定による権限

イ　東京湾海上交通センター（東京湾アクアライン周辺海域に係るものに限る。）

ロ　大阪湾海上交通センター（関西国際空港周辺海域に係るものに限る。）

(4)　法第36条，法第38条第1項及び法第39条の規定による権限　東京湾海上交通センター

(5)　法第43条の規定による権限　当該海難が発生した海域を管轄する海上保安監部，海上保安部又は海上保安航空基地

附　則　抄

（施行期日）

1　（略）

（経過措置）

2　喫水が20メートル以上の船舶については，第3条及び別表第1の規定（中ノ瀬航路に係る部分に限る。）は，当分の間，適用しない。

3　（略）

別表第1（第3条関係）（略）（航路航行義務　§2-5参照）

別表第2（第6条関係）（略）（進路を知らせるための措置　§2-8参照）

別表第3（第23条の2関係）（略）（海上保安庁長官による情報の提供　§2-50参照）

別表第4（第23条の5関係）（略）（異常気象等時特定船舶に対する情報の提供　§2-51の3参照）

別記様式（略）（緊急船舶指定申請書　§2-44参照）

海上交通安全法施行規則第6条第4項の規定による仕向港に関する情報及び進路を知らせるために必要な情報を示す記号を定める告示（抄）

（　　　　　　平成22年 4月 1日　海上保安庁告示第 95 号
最近改正　平成22年10月14日　海上保安庁告示第212号）

海上交通安全法施行規則第6条第4項の告示で定める記号は，別表の左欄に掲げる情報の区分に応じて，それぞれ同表の中欄に掲げる記号とする。

別表

情　報		記　号	備　考
仕向港に関する情報	(1)　港則法施行規則第11条第1項の規定による進路を他の船舶に知らせるために船舶自動識別装置の目的地に関する情報として送信する記号（平成22年海上保安庁告示第94号。以下この表において「港則法告示」という。）の別表第1の中欄に掲げる港又は港内の区域を仕向港とする場合（「図説 港則法」§ 3-32参照）	「>」と当該港又は港内の区域に対応する同表の右欄に掲げる港を示す記号とを組み合わせた記号	
	(2)　国連LOコード【注1】が付与されている港を仕向港とする場合（(1)に掲げる場合を除く。）	「>」と当該港を示す国連LOコードとを組み合わせた記号	国連LOコード冒頭の2文字のアルファベットとその後の3文字のアルファベットとの間には1文字のスペースを空けるものとする。
	(3)　国連LOコードが付与されていない港を仕向港とする場合（(1)に掲げる場合を除く。）	「>===」と当該港の一般的に受け入れられている英語名称又は地域で使われている名称	

		のアルファベット表記とを組み合わせた記号	
	(4) 仕向港が未定である等仕向港の港名が不明である場合	「?? ???」	
その他進路に関する情報	仕向港に向かう途中で東京湾中ノ瀬でびょう泊する場合	「/」と「NNX」とを組み合わせた記号	この表の仕向港に関する情報の区分に対応する同表の中欄に掲げる記号（港則法告示による仕向港での進路を示す記号がある場合にあっては，同記号）の後に付するものとする。

【注1】この表において「国連LOコード」とは，国連欧州経済委員会勧告第16号（UN/ECE/TRADE/227）において定める国名と場所名を示す5文字のアルファベットから成るLOCODEをいう。

【注2】この表において「東京湾中ノ瀬」とは，次の各号に掲げる線の間の海域をいう。

(1) 第2海堡灯台から0度4,030メートルの地点（目安は中ノ瀬航路第1号灯標）から21度7,200メートルの地点（目安は中ノ瀬航路第7号灯標）まで引いた線

(2) 横浜本牧防波堤灯台から118度6,810メートルの地点（目安は東京湾中ノ瀬D灯浮標），同灯台から141度30分5,920メートルの地点（目安は東京湾中ノ瀬C灯標），同灯台から159度30分7,450メートルの地点（目安は東京湾中ノ瀬B灯標），第2海堡灯台から338度5,030メートルの地点（目安は東京湾中ノ瀬A灯標）を順次に結んだ線

【注3】搭載しているAISの性能上，次の各号に掲げる記号を送信することが困難な場合にあっては，それぞれ当該各号に掲げる措置を講ずることをもって代えることができるものとする。

(1) 「>」「TO」を付し，その後に1文字のスペースを空けること

(2) 「===」「000」を付し，その後に1文字のスペースを空けること

(3) 「?? ???」「UNKNOWN」を付すこと

(4) 「/」 1文字のスペースを空け，その後に「00」を付すこと

〔備考〕水路情報，航行警報，航行安全などに関する資料は，海上保安部，海上保安署等に出向いて入手することができる。

また，これらの資料は，インターネット・ホームページから入手することもできる。

海上保安庁ホームページ http://www.kaiho.mlit.go.jp/

海上交通安全法第 25 条第 2 項の規定に基づく経路の指定に関する告示（抄）

（航路外の海域における航法の略図）〈経路の指定〉

（平成 22 年　海上保安庁告示第 92 号，
最近改正令和 6 年同告示第 25 号）参考文献(6)

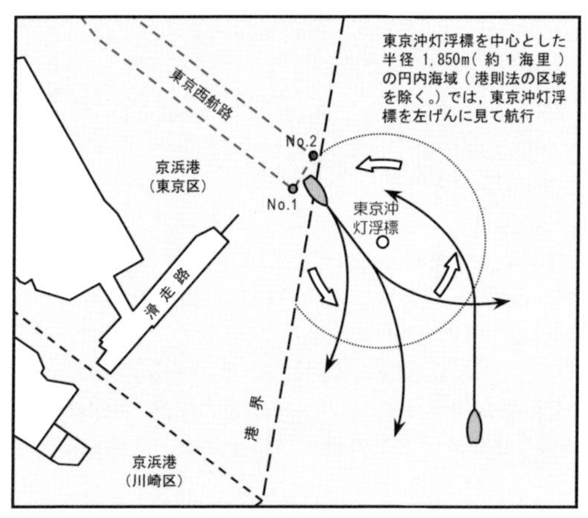

東京沖灯浮標付近海域（円内海域）

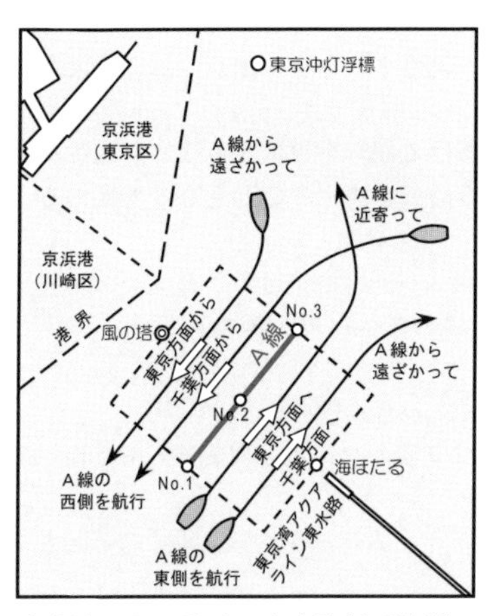

東京湾アクアライン東水路付近海域

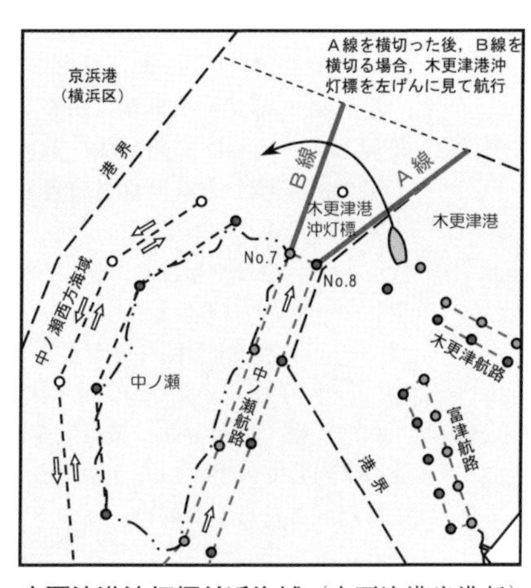

木更津港沖灯標付近海域（木更津港出港船）

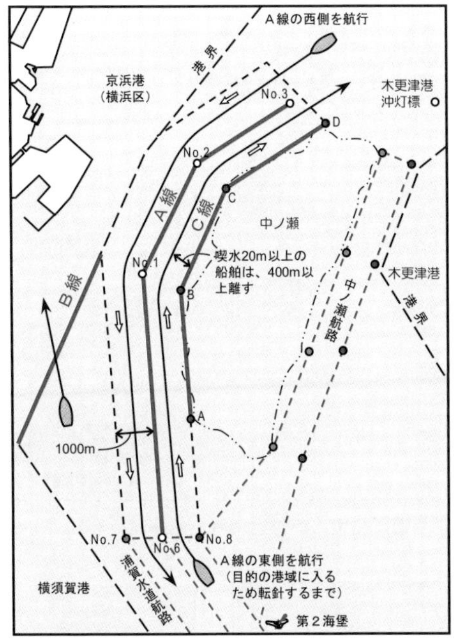

中ノ瀬西方海域

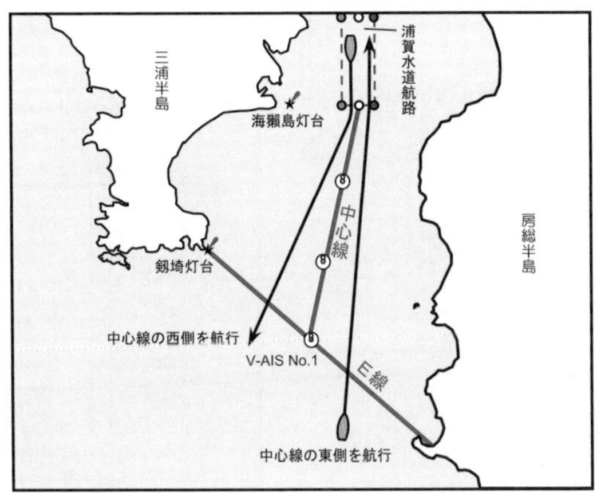

東京湾口

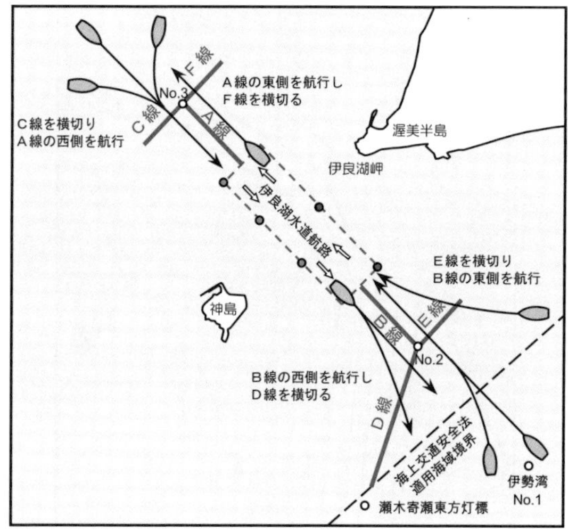

伊良湖水道航路出入口付近海域（航路航行船）

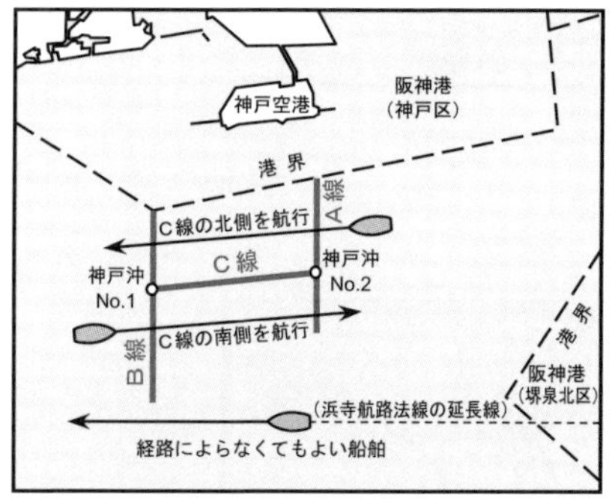

大阪湾北部海域（総トン数500トン以上）

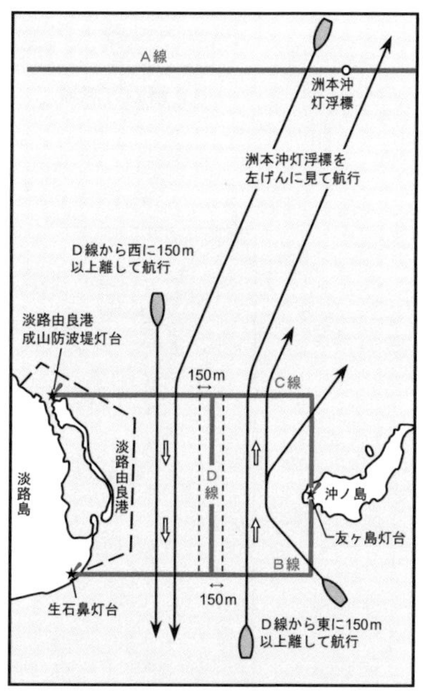

洲本沖灯浮標及び由良瀬戸付近海域
（友ヶ島水道航行船）

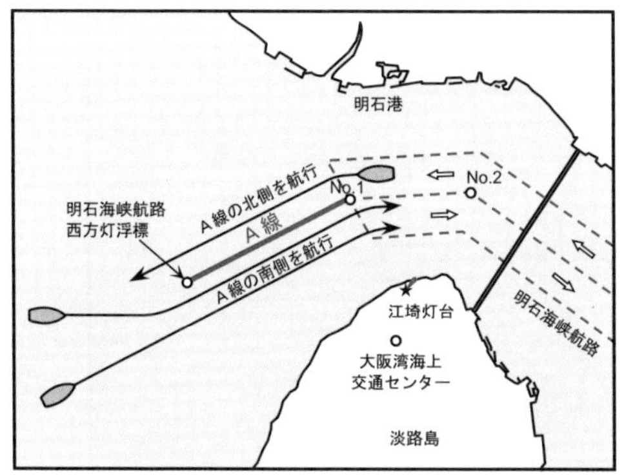

明石海峡航路西側出入口付近海域（総トン数5,000トン以上）

（**明石海峡航路東側出入口付近海域**（長さ50m以上の船舶）は §2−45（2）を参照のこと）

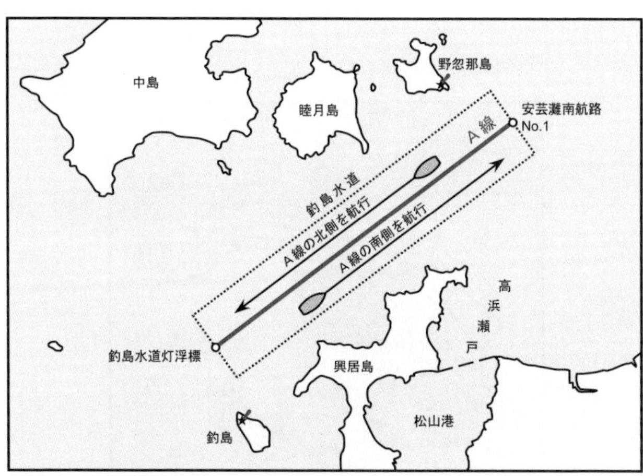

釣島水道付近海域（釣島水道航行船）

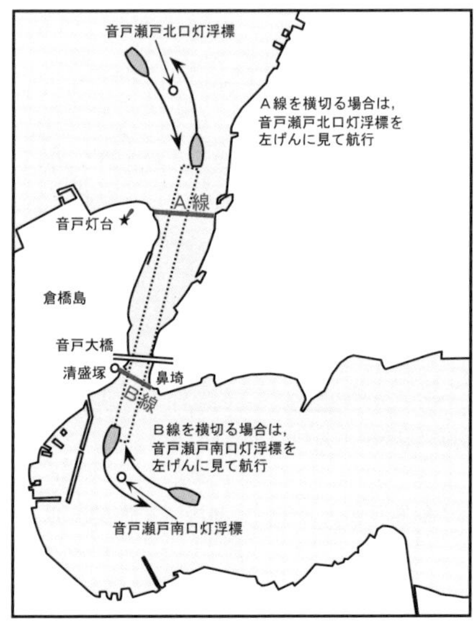

音戸瀬戸付近海域（総トン数5トン以上）

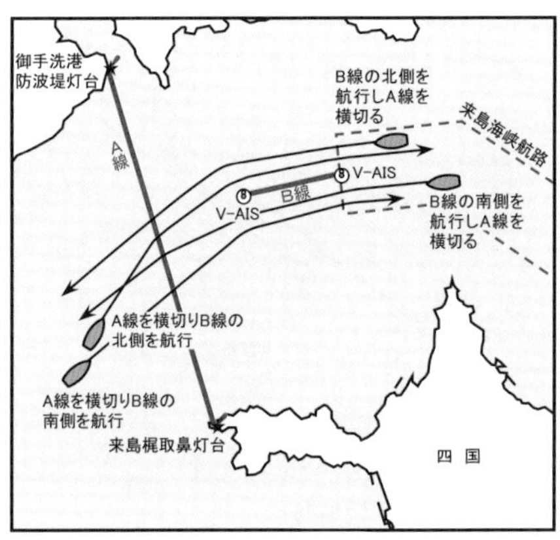

来島海峡航路西側出入口付近海域

海技試験問題

1. 目的及び適用海域，定義

問題 海上交通安全法の適用海域について説明せよ。 **(四級)**

ヒント 東京湾，伊勢湾及び瀬戸内海のうち，適用除外海域（港則法の港の区域など一定の海域。）以外の海域。（§ 1-2）

問題 海上交通安全法に定める航路のうち，瀬戸内海に設けられているものを述べよ。 **(四級)**

ヒント 明石海峡航路，備讃瀬戸東航路，宇高東航路，宇高西航路，備讃瀬戸北航路，備讃瀬戸南航路，水島航路，来島海峡航路（計 8 航路）（§ 1-4）

問題 海上交通安全法に定める巨大船とは，どのような船舶か。また，同船は，夜間，海上衝突予防法に定める灯火に加えて，どのような灯火を表示しなければならないか。 **(五級)**

ヒント (1) 長さ 200 メートル以上の船舶

(2) § 2-47（法第 27 条第 1 項）

問題 下の枠内に示す法第 2 条（定義）第 2 項第 3 号について：

(ア)「国土交通省令で定める船舶」とは，どのような海域にあるどのような船舶か。

(イ) 国土交通省令で定めるところにより表示しなければならない「灯火又は標識」とは，それぞれどのようなものか。

> 法第 2 条（定義）第 2 項第 3 号
>
> 漁ろう船等　次に掲げる船舶をいう。
>
> イ　漁ろうに従事している船舶
>
> ロ　工事又は作業を行なっているため接近してくる他の船舶の進路を避けることが容易でない国土交通省令で定める船舶で国土交通省令で定めるところにより灯火又は標識を表示しているもの

(二級)

ヒント (ア) 航路又はその周辺の海域において海上保安庁長官の許可（法第 40 条第 1 項）を受けて工事又は作業を行っており，当該工事又は作業の性質上接近してくる他の船舶の進路を避けることが容易でない船舶。

(イ) § 1-5(3)(2)の灯火又は標識

問題 海上交通安全法に定める指定海域について説明せよ。 **(三級)**

ヒント § 1-7

2. 航路における一般航法

問題 海上交通安全法に定められている航路を航行して，関門港より水島港に向かう船舶（長さ50メートル以上）が：

(ア) 航行しなければならない航路名を順次述べよ。

(イ) 航路をこれに沿って航行中，横断しなければならない本法で定められた他の航路名をあげよ。

(ウ) (ア)の航路のうち，「できる限り，航路の中央から右の部分を航行しなければならない。」と規定されているのは，どの航路か。 **(三級)**

ヒント (ア) 来島海峡航路 → 備讃瀬戸南航路 → 水島航路

(イ) 備讃瀬戸北航路

(ウ) 水島航路

問題 海上交通安全法の「航路における一般的航法」によると，次の(1)と(2)の場合は，それぞれどちらの船舶が避航船となるか。

(1) 漁ろうに従事しながら航路外から航路に入ろうとしている船舶が，航路をこれに沿って航行している巨大船と衝突するおそれがあるとき。

(2) 漁ろうに従事しながら航路を横断しようとしている船舶が，航路をこれに沿って航行している巨大船以外の一般動力船と衝突するおそれがあるとき。

(四級)

ヒント (1) 漁ろうに従事しながら航路外から航路に入ろうとしている船舶（法第3条第2項）

(2) 航路をこれに沿って航行している巨大船以外の一般動力船（§ 2-4(1)(1)，予防法）

問題 海上交通安全法の「航路における一般的航法」の規定によると，次の(1)～(3)の各場合における避航船は，それぞれどちらの船か。

(1) 航路をこれに沿って航行している動力船Aと航路外から航路に入ろうとしている動力船Bとが衝突するおそれのある場合（両船とも巨大船以外の一般動力船である。）

(2) 航路をこれに沿って航行している巨大船以外の一般動力船Cと航路外から航路に入ろうとしている巨大船Dとが衝突するおそれのある場合

(3) 航路をこれに沿って航行している巨大船以外の一般動力船Ｅと航路外から航路に入ろうとしている漁ろうに従事している船舶Ｆとが衝突するおそれがある場合 **(四級)**

ヒント (1) Ｂ船（法第３条第１項）

(2) Ｄ船（法第３条第１項）

(3) Ｅ船（予防法第９条第３項本文・第18条第１項第３号）。ただし，Ｆ船がＥ船の通航を妨げる場合には，Ｆ船はＥ船の通航を妨げない動作をとらなければならない。（予防法第９条第３項ただし書）

問題 海上交通安全法に定める「速力の制限」の区間が，航路の全区間である航路の名称をあげよ。また，その速力はいくらか。 **(三級)**

ヒント (1) 浦賀水道航路，中ノ瀬航路，伊良湖水道航路，水島航路（計４航路）

(2) 対水速力12ノットを超えない速力

問題 海上交通安全法及び同法施行規則に関する次の問いに答えよ。

(1) 追越し船とは，どのような船舶をいうか。

(2) 追越し船が行わなければならない信号は，同法施行規則で定めているものに限るかどうか。 **(三級)**

ヒント (1) 船舶の正横後22度30分を超える後方の位置（夜間にあっては，その船舶の舷灯のいずれをも見ることができない位置）からその船舶を追い越す船舶。

(2) 限らない。（予防法第９条第４項前段の規定による汽笛信号を行うとき。§ 2-7(2)，法第６条ただし書）

問題 追越し信号について，海上交通安全法と海上衝突予防法に定める規定とは，(1)信号を行う水域，(2)信号の意味及び(3)信号の方法において，どのように相違しているか述べよ。 **(二級)**

ヒント (1) 信号を行う水域

海交法…航路（海交法第６条（§ 2-7））

予防法…狭い水道又は航路筋（予防法第９条第４項）

(2) 信号の意味

海交法…他の船舶に対して追い越そうとすることの注意喚起。

予防法…先航船（追い越される船舶）の協力を得て追い越したい場合の追越しの意図の表示。

(3) 信号の方法

海交法…① 追い越そうとする船舶

{ 右舷側追越し ━ ● （汽笛）
  左舷側追越し ━ ●● （ 〃 ）

② 先航船 応答信号の定めはない。（追越しに疑問を持つときは警告信号（予防法）を行い，又は注意を喚起するため注意喚起信号（予防法）を行うことができる。）

予防法…① 追い越そうとする船舶

{ 右舷側追越しの意図 ━ ━ ● （汽笛）
  左舷側追越しの意図 ━ ━ ●● （ 〃 ）

② 先航船

{ 追越しに同意したとき ━ ● ━ ● （汽笛）
  追越しに同意できないとき ●●●●● （警告信号）

問題 海上交通安全法及び同法施行規則について，次に掲げる汽笛信号は，それぞれ何を意味するか述べよ。

(1) 長音１回に引き続く短音２回　(2) 長音２回　(3) 長音３回
(4) 長音３回に引き続く短音１回　(5) 長音４回　**（四級，三級）**

ヒント (1) 航路において他の船舶の左舷側を追い越そうとするときに鳴らす追越し信号。（§ 2-7(1)）

(2) 来島海峡航路の西水道を同航路に沿って航行する場合において潮流信号により転流することが予告され，西水道を通過中に転流すると予想されるときに鳴らす信号。（§ 2-40(1)）

(3) 来島海峡航路の西水道から小島・波止浜間の水道へ出ようとするとき，又はその逆の方向へ航行しようとするときに鳴らす信号。

(4) 航路の出入口を出てから右転するか，又はこれに類する場合の夜間の進路信号。（§ 2-8(1)）

(5) 航路を横断するか，又はこれに類する場合の夜間の進路信号。

問題 進路を知らせるための措置として，昼間次の信号を行う船舶は，夜間はどんな汽笛信号を行うか。

(1) 第２代表旗の下にＳ旗　(2) 第１代表旗の下にＰ旗
(3) 第１代表旗の下にＣ旗　**（三級）**

ヒント (1) 長音３回・短音１回　(2) 長音２回・短音２回・長音１回
(3) 長音４回

問題 進路を知らせるための措置（法第７条）の規定は，国際信号旗又は汽笛信号の表示による方法のほか，どのような方法について定めているか。その具

体例を１つあげて述べよ。 (三級)

ヒント AISによる進路を知らせるための措置（§ 2-8(2)，法第７条）

問題 進路を知らせるための措置は，どのような場合に行わなければならないか。 (五級)

ヒント 航路外から航路に入ろうとする場合，航路から航路外に出ようとする場合，又は航路を横断しようとする場合（法第７条）

問題 浦賀水道航路から中ノ瀬航路を航行し，同航路の北側出入口を出て大きく左転し京浜港横浜区に向かう場合の昼間の進路信号及びそれを表示する区間を述べよ。 (三級)

ヒント ① 第２代表旗・N旗・P旗

② 浦賀水道航路において観音埼灯台に並航した時から中ノ瀬航路外に出た時までの間。

問題 航路を横断する船舶は，どのような方法で横断しなければならないか。また，この横断の方法が適用されないのは，どんな場合か。 (四級)

ヒント ① 航路に対しできる限り直角に近い角度で，速やかに横断しなければならない。

② 航路をこれに沿って航行している船舶が，当該航路と交差する航路を横断することとなる場合。（§ 2-9(2)）

問題 海上交通安全法及び同法施行規則について，次の問いに答えよ。

(1) 航路をこれに沿って航行するとき，同航路の中央から右の部分を航行しなければならないと規定されている航路名をあげよ。

(2) 備讃瀬戸東航路において，航路の横断が禁止されているのはどの付近か。 (四級)

ヒント (1) 浦賀水道航路，明石海峡航路，備讃瀬戸東航路

(2) 図 2·27（法第９条）

問題 海上交通安全法において，「航路への出入又は航路の横断の制限」が定められているのは，どの航路であるか述べよ。 (四級)

ヒント 備讃瀬戸東航路，来島海峡航路（§ 2-10）

問題 巨大船と巨大船以外の他の船舶とが航路内で行き会うことが予想される場合，危険な行会いを避けるため，巨大船以外の定められた船舶に対して必要な間，航路外で待機すべき旨を指示されることがあるのは，どの航路か。 (五級)

ヒント 伊良湖水道航路，水島航路

問題 航路におけるびょう泊は，どのような事由があるときに限り認められるか。

(五級，四級)

ヒント ① 海難を避けるためやむを得ない事由があるとき。

② 人命又は他の船舶の救助のためやむを得ない事由があるとき。

(§2-11(2))

問題 航路の幅が地形上十分にとれないため，巨大船がその航路を航行する場合に，巨大船以外の船舶が航路外で待機するよう管制されるのは，どの航路か。また，管制されるのは，長さ何メートル以上の船舶か。 **(四級，三級)**

ヒント 伊良湖水道航路……130 メートル以上

水島航路…………… 70 メートル以上

問題 伊良湖水道航路管制信号所で「Nの文字の点滅」の信号があった。この信号の意味を述べよ。 **(三級，二級)**

ヒント 伊良湖水道航路を南東の方向に航行しようとする長さ 130 メートル以上の船舶(巨大船を除く。)は，航路外で待機しなければならない。

(§2-18(2)の表)

問題 伊良湖水道航路管制信号所における「Nの文字及びSの文字の交互点滅」の信号は，何を意味するか。 **(二級)**

ヒント 伊良湖水道航路を航行しようとする 130 メートル以上の船舶（巨大船を除く。）は，航路外で待機しなければならない。(§2-18(2)の表)

3. 航路ごとの航法

問題 海上交通安全法において一方通航の航法が定められている航路の名称をあげ，船舶はそれぞれどのような方向に航行しなければならないかを述べよ。

(三級)

ヒント (1) 中ノ瀬航路…………北の方向

(2) 宇高東航路…………北の方向

(3) 宇高西航路…………南の方向

(4) 備讃瀬戸北航路……西の方向

(5) 備讃瀬戸南航路……東の方向

問題 航路をこれに沿って航行するとき，できる限り，その航路の中央から右の部分を航行しなければならない航路名を２つあげよ。 **(四級)**

ヒント 伊良湖水道航路，水島航路

問題 明石海峡航路について：

(ア) 航路に沿う航行方法を述べよ。

(イ) 航路に沿って航行する場合の速力について述べよ。

(ウ) どのような進路信号があるか。(昼間の信号の例を1つ示せ。) **(四級)**

ヒント (ア) 航路の中央から右の部分を航行。

(イ) 「速力の制限」の定めはない。予防法に規定する「安全な速力」(同法第6条) で航行。

(ウ) 第1代表旗の下にC旗 (航路を横断), 第2代表旗の下にS旗 (航路を出てから右転) (§ 2-21(2), 法第7条) (いずれか1つ)

問題 備讃瀬戸東航路と宇高西航路の交差部付近において, 備讃瀬戸東航路の東航レーンから宇高西航路を経由して高松港に向かう巨大船以外の一般船舶 (A船) (漁ろう船等を除く。) と, 宇野港を出港して宇高西航路を南下し高松港に向かおうとする中型フェリー (B船) との間に衝突のおそれが生じた。この場合, どちらの船舶が進路を避けなければならないか。 **(三級)**

ヒント 宇高西航路に同航路の外から入ろうとするA船が宇高西航路航行中のB船の進路を避けなければならない。(§ 2-1(1))

問題 宇高東航路又は宇高西航路をこれに沿って航行している船舶と備讃瀬戸東航路をこれに沿って航行している巨大船とが衝突するおそれのあるときは, どちらの船舶が避航しなければならないか。 **(四級)**

ヒント 宇高東航路又は宇高西航路をこれに沿って航行している船舶

(法第17条第1項)

問題 次の(ア)のA, B及び(イ)のC, Dの船舶が衝突するおそれがあるときは, どちらが避航船となるか, それぞれA～Dのうちの記号で示すとともに, 適用される関係航法規定の要点を述べよ。

(ア) 備讃瀬戸東航路をこれに沿って東航し宇高東航路に入ろうとしている巨大船Aと, 備讃瀬戸東航路をこれに沿って西航している貨物船B (総トン数5000トン)

(イ) 備讃瀬戸東航路をこれに沿って東行している貨物船C (総トン数5000トン) と, 宇高東航路をこれに沿って航行している巨大船でないフェリーD **(二級)**

ヒント (ア) ① B, ② 法第17条第2項・第3項 (§ 2-25)

(イ) ① C, ② 予防法第15条 (横切り船の航法)

問題 水島航路には管制信号所が2つ設けられているが, その名称をあげよ。また, 同信号所が「Sの文字の点滅」の信号をしている場合, その信号の意味を述べよ。 **(四級, 三級)**

ヒント (1) 水島航路西ノ埼管制信号所，水島航路三ツ子島管制信号所

(2) 水島航路を北の方向に航行しようとする長さ70メートル以上の船舶（巨大船を除く。）は，航路外で待機しなければならない。（§ 2-29）

問題 水島航路において，巨大船と巨大船以外の他の船舶との行会いの危険を避けるため，必要な間航路外で待機するよう管制される船舶は，長さ何メートル以上何メートル未満の船舶か。 **（二級）**

ヒント 70メートル以上200メートル未満（§ 2-29，法第10条の2）

問題 水島航路をこれに沿って航行している船舶と備讃瀬戸北航路をこれに沿って航行している船舶とが，衝突するおそれがあるときは，どちらの船舶が避航船となるか。ただし，両船とも巨大船以外の一般動力船である。 **（三級）**

ヒント 水島航路をこれに沿って航行している船舶（§ 2-30，法第19条第1項）

問題 海上交通安全法において，来島海峡航路の通航方法は，どのように定められているか述べよ。信号については述べなくてよい。 **（二級）**

ヒント 法第20条第1項第1号～第5号（§ 2-37の2(1)～(5)）

問題 来島海峡航路の航行について：

(ア) 逆潮の場合であっても，中水道を航行することができるのは，どのように航行しようとする船舶か。

(イ) 同航路の全区間をこれに沿って航行する東航船は，同海峡の潮流が南流の場合には，どちらの水道を航行しなければならないか。

(ウ) (イ)のように航行する船舶は，航路の東側出口付近では，航法上，特にどのような注意が必要か。 **（四級，三級）**

ヒント (ア) 中水道を航行中に転流があった場合で，引き続き逆潮で航行することになった船舶

(イ) 中水道

(ウ) 航路内では東航する船舶は中水道を航行するので左側通航となるため，東側出口付近では，西水道に向けて西航する船舶と針路が交差することに注意する必要がある。

問題 来島海峡航路の全区間を航路に沿って航行する船舶は，来島海峡の潮流の順逆によってどの水道を航行しなければならないか。 **（五級）**

ヒント 順潮の場合は中水道を，逆潮の場合は西水道を航行。ただし，それらの水道を航行中に転流があった場合は，そのまま当該水道を航行することができる。（§ 2-37の2(1)）

問題 来島海峡航路の中水道を経由して航行する船舶の航法について：

(ア) どこに近寄って航行しなければならないか。

(イ) この航路を航行しなければならないのは，潮流の方向がどのような場合か。

(四級)

ヒント (ア) 大島及び大下島側（§2-37の2(2)，法第20条第1項第2号）

(イ) 順潮の場合。ただし，中水道を航行中に転流があった場合は，引き続き同水道を航行することができる。（§2-37の2(1)，法第20条第1項第1号）

問題 来島海峡航路の西水道を経由して航行する船舶は，どこに近寄って航行しなければならないか。 **(四級)**

ヒント §2-37の2(3)(法第20条第1項第3号)

問題 来島海峡航路においては，逆潮の場合は，どんな速力で航行しなければならないか。 **(五級)**

ヒント 潮流の速度に4ノットを加えた速力以上（§2-37の2(5)，法第20条第1項第5号）

問題 来島海峡航路における最低速力の保持に関する規定は，(1)どんな場合に，どんな速力を保持しなければならないと定めているか。また，(2)同規定を定めた理由を述べよ。 **(五級)**

ヒント (1) 逆潮の場合に，潮流の速度に4ノットを加えた速力以上の速力。

(2) §2-37の2(5)

問題 来島海峡航路の中水道及び西水道における潮流の流向を示す潮流信号所の名称を3つあげよ。 **(三級)**

ヒント (1) §2-38（法第20条第2項）

問題 来島海峡航路に関して次の問いに答えよ。

(1) 航路の両岸に設置されているすべての潮流信号所の名称

(2) 潮流情報を提供している方式

(3) 潮流信号 S→■→6→■→↓ の意味 **(四級，五級)**

ヒント (1) 来島長瀬ノ鼻潮流信号所など4つ（§2-38(1)）

(2) 電光表示方式

(3) 南流6ノット，今後流速が遅くなる。（§2-38(2)・(3)）（第22条）

問題 来島海峡航路を航行している船舶に対して，海上保安庁長官から特別な航法を指示されることがあるが，それはどんな場合に指示されるか。 **(三級)**

ヒント §2-38の2（法第20条第3項）

問題 来島海峡航路において左側航行となるのはどんな場合か，具体例を1つあげよ。 **(三級，二級)**

ヒント § 2-39（法第 20 条第 1 項）

問題 夜間，北流時に来島海峡航路をこれに沿って東航中の動力船Aは，馬島西方の西水道において，ほぼ正船首方向約 0.5 海里のところに汽笛長音 3 回を鳴らして反航する動力船Bを認め，衝突のおそれがある場合と判断し，左げん対左げんで航過するため汽笛短音 1 回を吹鳴するとともに右転した。Aのとった処置は正しいかどうか。理由とともに述べよ。 **（三級）**

ヒント ① 正しくない。

② 理由Aは，Bが長音 3 回を鳴らしながら四国側に寄らない違法航行に対し直ちに警告信号を発し，左転して右舷対右舷で航過する。両船は接近しているから，切迫した危険にも注意。（§ 2-39(2)，法第 20 条第 1 項）

4. 特殊な船舶の航路における交通方法の特則

問題 伊良湖水道航路を航行しようとする場合に，航行に関する通報をしなければならないのは，どのような船舶か。 **（三級，二級）**

ヒント ①巨大船，②巨大船以外の船舶であって，その長さが 130 メートル以上のもの，③危険物積載船，④物件えい航船等（全体の距離が 200 メートル以上のもの）（§ 2-42，法第 22 条）

問題 法第 22 条（巨大船等の航行に関する通報）により，通報義務が課されている船舶のうち，危険物積載船とは，どのような種類の危険物を積載している総トン数何トン以上の船舶をいうか。同法施行規則に定めるものを 3 種類あげよ。 **（二級）**

ヒント § 2-42(1)(3)の 4 種類のうち，3 つ（法第 22 条第 3 号）

問題 長さ 203 メートルの一般貨物船が，瀬戸内海にある航路を経由して関門港から阪神港へ航行する場合について，次の問いに答えよ。

(1) 航路を航行しようとするときは，あらかじめどのようなことを，どこに通報しなければならないか。

(2) 航路をこれに沿って航行するときに通る航路の名称を順番に記せ。

(3) 対水速力 12 ノット以下で航行しなければならない区間のある航路はどれか。

(4) 潮流の方向によって航法が異なる航路はどれか。また，順潮の場合，この航路のどこを，どのように航行しなければならないか。 **（三級）**

ヒント (1) ① 通報事項（巨大船であるから，次に掲げる事項である。）

- 船舶の名称，総トン数及び長さ
- 航行しようとする航路の区間，航路入航予定時刻・航路出航予定時刻

- 呼出符号又は呼出名称
- 連絡手段
- 仕向港
- 喫水

②　通報先

海上保安庁長官が航路ごとに定める海上交通センターの長

- 来島海峡航路：来島海峡海上交通センター
- 備讃瀬戸南航路及び備讃瀬戸東航路：備讃瀬戸海上交通センター
- 明石海峡航路：大阪湾海上交通センター

(2) 来島海峡航路 → 備讃瀬戸南航路 → 備讃瀬戸東航路 → 明石海峡航路

(3) 備讃瀬戸南航路及び備讃瀬戸東航路

(4) ①　来島海峡航路

②　中水道，できる限り大島及び大下島側に近寄って航行する。

問題　昼間「紅白の吹流し」を掲げているのは，どのような船舶か。この船舶は，夜間どんな灯火を表示するか。　**(三級，二級)**

ヒント　(1) 進路警戒船又は側方警戒船（図 2･83）

(2) 予防法の灯火に加えて，緑色閃光灯（毎分 120 回以上 140 回以下）

問題　漁ろうに従事している船舶は，海交法第 24 条（緊急用務を行う船舶等に関する航法の特例）第 2 項の規定により，同項に定める交通方法に従わないで航行することができるが，その規定の要旨を 4 つあげよ。（要旨は，簡潔でよい。）　**(二級)**

ヒント　§ 2-44 の表 2･3

例えば，以下の 4 項目

(1) 航路航行義務（法第 4 条）

(2) 追越しの禁止（法第 6 条の 2）

(3) 進路を知らせるための措置（法第 7 条）

(4) 明石海峡航路の右側航行（法第 15 条）

5.　航路以外の海域における航法

問題　海交法第 25 条（航路以外の海域における航法）の規定は，船舶交通の整理を行う必要のある海域（航路を除く。）の経路を定めているが，明石海峡航路東側出入り口付近海域における経路の指定について，どのように定めているか，略図を描いて，その要点を述べよ。　**(二級)**

ヒント § 2-45(2)図2·87の2の略図を示して，要点を述べる。

6. 危険防止のための交通制限等

問題 海上保安庁長官が，危険防止のため期間を定めて交通制限を行うのはどのような場合か。 **(三級)**

ヒント § 2-46

7. 灯火等

問題 昼間，海上交通安全法適用海域を航行中の巨大船は，どんな標識を掲げなければならないか。 **(三級)**

ヒント 黒色の円筒形の形象物2個を連掲(最も見えやすい場所)(§ 2-47(1)，図2·91)

問題 昼間，海上交通安全法適用海域を航行中の危険物積載船は，どんな標識を掲げなければならないか。 **(三級)**

ヒント 第1代表旗（上方）とB旗（下方）を連掲（最も見えやすい場所）(§ 2-47(1)，図2·93)

8. 船舶の安全な航行を援助するための措置

問題 海交法は，船舶の安全な航行を援助するため，同法第30条（海上保安庁長官が提供する情報の聴取）の規定を定めているが，同長官はどんな情報を提供しているか述べよ。 **(三級)**

ヒント § 2-50(1)2.

9. 危険の防止

問題 海上交通安全法の適用海域において，海難が発生し船舶交通の危険が生じた場合，その船舶の船長は，どんな措置をとらなければならないか，簡単に述べよ。 **(二級)**

ヒント § 3-4(1)(法第43条第1項・第2項)

著者略歴

福井　淡（原著者）
1945年神戸高等商船学校航海科卒，東京商船大学海務学院甲類卒，1945年運輸省（現国土交通省）航海訓練所練習船教官，海軍少尉，助教授，甲種船長（一級）免許受有，1958年海技大学校へ出向，助教授，練習船海技丸船長，教授，海技大学校長，1985年海技大学校奨学財団理事，大阪湾水先区水先人会顧問，海事補佐人業務など
～2014年

淺木　健司（改訂者）
1983年神戸商船大学航海学科卒，1996年同大学院商船学研究科修士課程修了，
2001年同博士後期課程修了，博士（商船学）学位取得
1984年海技大学校助手，1986年運輸省航海訓練所練習船教官，海技大学校講師，同助教授，同教授
現在：海技大学校名誉教授

ISBN978-4-303-37823-3
図説 海上交通安全法

昭和49年10月30日　初版発行
昭和61年 3 月25日　新訂初版発行（通算7版）
令和 6 年 7 月23日　新訂18版発行（通算24版）

原著者　福井　淡
改訂者　淺木健司
発行者　岡田雄希
発行所　海文堂出版株式会社

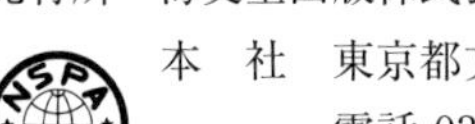

本　社　東京都文京区水道2-5-4（〒112-0005）
電話 03(3815)3291㈹　FAX 03(3815)3953
支　社　神戸市中央区元町通3-5-10（〒650-0022）

日本書籍出版協会会員・自然科学書協会会員・工学書協会会員

PRINTED IN JAPAN　　印刷　ディグ／製本　ブロケード